The Best Essays of
Bernd Heinrich

A Naturalist At Large

荒 野 之 心

生態學大師Heinrich
最受歡迎的35堂田野必修課

Bernd Heinrich

潘震澤——譯

伯恩德·海恩利許——著

獻給庫克（James R. Cook）教授，
我在緬因大學的指導教授、
研究夥伴及最好的朋友，他激發我
並引領我走上科學的道路。

目次

推薦序　自然處處是學問、花蟲鳥獸皆文章／金恒鑣 011

譯後感　重拾對生物學的興趣／潘震澤 015

序言 Introduction 019

第一部　地表以上　FROM THE EARTH UP

01 土壤中的生命 Life in the Soil 024

梭羅在一百七十五年前就對土壤知之甚詳了。經由土地，可以和所有生命產生連結。而這塊接受一切的土地，終究也要接受我這個人，把我變成青草、樹木、鮮花以及更多東西。

02 堅若磐石的根基 Rock-Solid Foundation 032

黃樺樹怎麼可能在石頭上生根成長、而其他種類的樹木則不能？樹木如何決定它們要向上或是橫向生長？重建樹的生長史，會發現不同策略，還有一顆種子要長成一棵樹有多麼困難。

03 栗樹的散播 The Spreading Chestnut Tree ……… 041

它曾經是美國東部森林之王，卻因一九〇四年一場災難造成大量死亡。這場災難後來如何減緩、止息？除了人類，還靠了許多冠藍鴉及松鼠的幫忙。

04 當樹枝彎下腰來 When the Bough Bends ……… 057

對樹的生命來說，樹葉是必要的，但樹葉也能造成樹的死亡。因此，樹葉的擺放位置代表著收益與成本妥協之後的結果。就如針葉樹為何會形成如印地安人帳篷形的結構。

05 噢、聖誕樹 O Tannenbaum ……… 064

聖誕佳節，對於住在北歐及北美的人來說，習慣於此時走入森林，砍下一棵年輕的常青樹，帶回家中。我們把常青樹當作自然世界的代表帶進了客廳，如今它卻為了符合人們的期待而遭到改變。

第二部 昆蟲 INSECTS

06 讀取樹葉 Reading Tree Leaves ……… 070

我每天都會看到這條毛蟲。讓我奇怪的是，我發現牠總是以同樣的姿態待在同一張葉片的同一個地點，但牠看起來每天都在長大。牠是怎麼進食的？為什麼要回到同樣的地方？

07 熱血和冷血蛾類 Hot- and Cold-Blooded Moths ……… 081

昆蟲的體型一般不大，卻能進行巨量的活動，以及能活躍在熱與冷的嚴酷溫度下；有許多甚至能維持高於人類的體溫……

08 毛茸茸的與奇妙的 Woolly and Wondrous ……… 089

十一月初，我發現有個飄浮在空中的點在我身旁盤旋，在黑色的森林背景下呈現出白色光點。這些小蟲身上包覆著纖細的白蠟絲線，讓我窺見一個可能很有趣的故事。

09 冬日來客 Winter Guests ……… 095

我是第一次自己蓋木屋，犯了許多建築上的錯誤，其中最大的一樁，就是沒想到冬日會有訪客到來，還數以千計。只要留下幾個開口，我就成了招待好、壞以及美麗動物的主人。

10 北極熊蜂 Arctic Bumblebees …… 101

這是我人生第一次在午夜時分尋找熊蜂，在北極圈的埃爾斯米爾島。全球約兩萬種蜜蜂中，只有兩種生活在極北，兩種都是熊蜂。牠們最特別之處，是發展出高度控制體溫的機制……

11 戰勝炎熱與以熱擊殺 Beating the Heat, and Killing with Heat …… 111

蜜蜂在生理和行為上的一些適應，讓牠們在炎熱的沙漠也能存活，並繁盛至今。蜂巢核心的溫度如果過熱，該如何降溫？而當掠食性胡蜂攻擊蜜蜂時，蜜蜂如何用熱來擊殺胡蜂？

12 蜜蜂追蹤vs.蜜蜂導航 Bee-Lining vs. Bee Homing …… 116

當斥候蜂尋覓新家時，每個新址各有所長，會分別由一隻斥候蜂給蜂群做簡報，其他蜜蜂據此飛往目的地考察。上萬的蜜蜂根據比較的結果，會宣布最佳選擇。

13 甲蟲與開花 Beetles and Blooms …… 125

以色列猶大沙漠中的趨同演化，讓我們看到各種不同植物都擁有一種模型的花朵，也就是大型的紅花。紅色花朵提供甲蟲的不只是花粉，還有性與床邊早餐，這可是穩贏的組合。

14 合作事業：與蟎聯手 Cooperative Undertaking: Teaming with Mites …… 134

當埋葬蟲來到屍體時，都帶有十來隻黃色的蟎。蟎的行為對甲蟲有益，因為牠們以蒼蠅的卵為食，可以幫助甲蟲爭取時間。

15 豉甲：快速划水者 Whirligig Beetles: Quick Paddlers …… 143

豉甲這種昆蟲從事水上活動至少已有兩億年歷史，從侏羅紀初期就已經開始了。在明尼蘇達州伊塔斯卡湖上，大批甲蟲整天聚在一起，到底在做些什麼？

第三部 渡鴉和其他鳥類 RAVENS AND OTHER BIRDS

16 我心中的渡鴉 Ravens on My Mind …… 152

雪花以螺旋形緩緩飄落，樹林一片寂靜。一如今年冬天的許多日子，我的心思都在渡鴉身上。二十年內，郊狼與渡鴉幾乎同時遷移了進來，兩者是否有某種關聯？牠們的故事寫在雪地裡。

17 別再用鳥腦袋罵人笨蛋了 A Birdbrain Nevermore …… 162

古代維京人把渡鴉尊為神的使者；今日的愛爾蘭，智者被視為擁有渡鴉般的知識。這種鳥真的聰明嗎？我們說的動物智慧究竟指的是什麼？要如何測量？如何區分本能或是學習得來？

18 渡鴉以及難以接近的 Ravens and the Inaccessible …… 174

渡鴉是梭羅筆下原始及未知領域的一部分。難以接近有其價值存在，或許難以接近本身就是價值。觀察渡鴉的經驗在我腦海裡迴盪，每個行為細節都是這幅大畫中的一抹顏色。

19 霸鶲日記 Phoebe Diary …… 181

三月二十四日那天吹著暖風，殘餘的積雪融化了。當天夜裡我突然轉醒，幾乎確定聽見了霸鶲的聲音。霸鶲習於在飛行時捕捉昆蟲，招牌動作是上下搖動牠的尾巴。我總是懷念這些活潑的室友。

20 與吸汁啄木鳥的對話 Conversation with a Sapsucker …… 186

有年夏天，我外出跑步時，可說是真的「撞到」了一隻啄木鳥。這隻幼鳥受傷了，我決定試著拯救牠。有一天牠不再需要我了，牠的表現就像是忘了我，又或者牠的行為已經轉變為成鳥的了。

21 賞鷹 Hawk Watching …… 194

從我孩童時期起，每年四月會有一對蒼鷹在我家農場附近築巢。牠們曾以鮮紅雙眼盯著我，以爪掠過我的脊柱。你可能不認為看到一隻老鷹擊殺一隻鳴鳥，有什麼好驚訝的；但事實是……

22 金冠戴菊的寒冷世界 Kinglets' Realm of Cold …… 197

戴菊十分瘦小，體重不到六公克。去除羽毛的身體，比人的小拇指大不了多少。對我來說，這種鳥類如何能在北地漫長冬夜裡存活，是個難以理解的謎團。

23 惡毒夜鷹 The Diabolical Nightjar …… 209

夜鷹是獨居動物，地球上最希罕的鳥種之一。為什麼牠們要成對且親密地待在一起？蘇拉威西考察隊如何找到早已消失的普拉氏秧雞，同時發現了惡毒夜鷹？（為何惡毒？）

第四部 哺乳類 MAMMALS

24 隱藏的甜食 Hidden Sweets …… 216

一隻松鼠在幼楓樹林間出沒，依次跳上跳下，用牠的舌頭瘋狂地往上舔著一道條紋。我對松鼠的行為無知反而是項資產，讓我發出天真的問題：牠們只是在舔食楓漿嗎？

25 冬眠、保暖以及含咖啡因 Hibernation, Insulation, and Caffeination …… 227

人類想在冬季生存的幾個要素是保暖、燕麥捲以及咖啡。看不同動物如何選擇過冬之道，可以看出解決同樣的問題，會有不同但又一致的模式。

26 與象同居：進食關係 Cohabiting with Elephants: A Browsing Relationship …… 232

靠近赤道的波札那野生動物保護區是地球上最原始的荒野之一，為什麼樹木多樣性卻這麼低？線索可能是香脂樹。大象模糊了生態邊界。所有草原上的生物都可能欠了大象的情。

27 狩獵：觀點問題 The Hunt: A Matter of Perspective …… 238

在波札那野生動物保護區，到處都是掠食者。我們在一處空地，領隊突然叫道：「快，快，趕快上車！」我們經驗了近乎二到四百萬年前人類祖先的生活。

28 耐力型掠食者 Endurance Predator …… 247

在東非辛巴威馬托博國家公園觀看石壁畫，讓我感到自己看到的是某位已逝的親人。比較生物學告訴我們，掠食者與獵物之間的武器競賽從不止歇，人類自然也不會單方面裁減軍備。而人與人間的競賽，極限在哪裡呢？

第五部 生命的策略 STRATEGIES FOR LIFE

29 同步性：放大訊號 Synchronicity: Amplifying the Signal …… 258

動物會同步發聲，在整個北方森林，每天晚上郊狼都會開演唱會。同步行為在人類當中也很常見。檢視這類行為，有助於我們思考人類自身行為當中的一些可能功能。

30 蜜蜂和花知道的事 What Bees and Flowers Know …… 267
31 奇特的黃色：鳶尾行為小探 Curious Yellow: A Foray into Iris Behavior …… 271
32 纏繞與旋轉 Twists and Turns …… 279
33 給鳥蛋上色 Birds Coloring Their Eggs …… 288
34 鳥、蜜蜂和美：適應的美學 Birds, Bees, and Beauty: Adaptive Aesthetics …… 300
35 在森林中看見光 Seeing the Light in the Forest …… 308
中英譯名對照表 …… 313

狼與馴鹿之間遊戲操作的限制，演化出在任何時候，不會有哪一方的參與者擁有所有的優勢，也不會擁有所有的劣勢。如果我們過度地玩這種遊戲，無止境的成長與無限制的剝削，遲早會迎來破產。

我低頭瞥了黃菖蒲一眼，看到一個花苞，然後幾乎是下一瞬間，原先的花苞已是一朵盛開的花。那不可能是魔術。花苞如何能瞬間移動其組件，轉變成盛開花朵？

鳶尾科、豆科、旋花科和茄科等植物的藤蔓都具有一致的纏繞方向——逆時鐘。該祖先為什麼會擁有這種特徵？當我把一枝黃花上的卷莖蓼藤蔓給鬆開時，五十六條都是以順時鐘方向纏繞。我對這株小野草萬分感激，讓我免於出現重大的錯誤觀念。

蛋殼的顏色對鳥來說到底有什麼要緊呢？我們可能永遠也不會百分之百的確知……不過，鳥蛋顏色反映了我們目前所見，處於不同階段的演化，以及額外的美麗。

達爾文把對美感的吸引放在一個不同的範疇：他發明了一個稱為「性擇」的類別。在性擇中，美感必然是保守且高度專一的。但規範終究會改變，因為當所有成員都變得一模一樣時，獨特或創新就會開始冒出頭來。

木質是地球上最了不起的植物產生的適應，做為支架將捕捉太陽能的樹葉撐向天空。問題不在於我們利用樹木，使用不是問題，濫用才是。任何事都是有代價的，重點在於平衡，而不只是施壓。或許這才是看見了光（出路）。

自然處處是學問、花蟲鳥獸皆文章

金恒鑣／亞熱帶生態學學會理事長

這本書收錄了作者數十年來有關自然史的三十五篇精采文章，這些散文顛覆了一般讀者對自然史內涵的刻板印象。可以說，作者走出了自然書寫的格局，開創了新典範。

作者伯恩德・海恩利許（Bernd Heinrich）是備受讚譽的動物生理學與行為學教授，也是專業博物學作家。他勤於田野生態研究，不論是科學論文發表或科普知識推廣，皆有非凡的成就。其有關野生動植物細微行為之現象與過程的觀察，超越一般生態學者局現於書房工作與實驗室研究的眼界。他的敘述鞭辟入裡，除了注意細節，也不放過動植物之間，及其與大地之間的複雜、晦澀之糾纏關係。

為了詮釋他所觀察到的動植物之各種奇特（為許多人視而不見或認為理所當然）的行為，用專業的視角提出許多科學假說，並設計各種有創意的試驗方法，鍥而不捨地追究真相。在本書中，讀者可以看到他挖空心思，在夏天黑蠅大隊圍攻叮咬或酷寒嚴冬的環境裡，長時間耐心地觀察目標動植物的動靜，其堅忍心性與追尋答案的堅持，超乎一般田野生態學家所能承受之程度，非得要查到水落石出，找出令他滿意的答案不可，並且一路走來，甘之如飴。

本書共分為五大部分：土地、鳥類、昆蟲類、哺乳類、生命策略。所談的動植物皆為作者的學術研究目標種。作者以其所發表之上百篇學術期刊論文為基礎，將所記錄到的動物行為等過程，配上所建立的數據庫、統計學的各種關係、無數的驗證假說，以自然史的科普方式撰寫而成，內容深入而扎實、邏輯推理清楚、科學數據到位、驗證假說具說服力，讀者可以見識到作者像偵探辨案般抽絲剝繭的功力，動植物行為之任何蛛絲馬跡皆逃不過他的法眼。

正如許多這類書籍，作者非常珍視孩童時期親近自然的經驗與其所帶來的啟發，活在自然裡是他終身嚮往的生活方式。因而，當自美國佛蒙特大學退休後，作者便立即回到他童年成長的緬因州樹林，建造一間小木屋做為親近自然的前哨站。本書的許多生命故事便發生在這座寒溫帶的美國北方樹林裡。

伯恩德・海恩利許在一九四〇年出生於二次大戰的德國，全家搬到鄉間的森林以逃避戰亂，父母親憑藉雙手艱辛地養活一家人。伯恩德從懂事起就生活在自然裡，在氣候嬗遞、四季分明的緬因州鄉間觀察鳥獸的活動，包括雪融後大地的甦醒與綠化，同時緊緊盯著雙親的耕耘與收穫的莊稼田園生活，有朝一日要以某種行動反饋這一切的信念，從那時起便深植於他小小的心靈裡。及長，他稱田野生態學為「手膝並用的科學」，這個理念在本書裡處處都可得到印證。

本書最令人印象深刻的，是作者在自然裡超出一般人視而不見、知而不行的習慣，而清楚目睹了生命之繁殖與求生的關鍵現象。試舉三個例子：

- 埋葬蟲在地面掩埋動物死屍時，鞘翅是醒目的鮮橘與黑色相間的條紋，但是突然展翅起飛時，時間不到一秒鐘（要計時）便轉成如熊蜂般黃與黑色的體色，且發出熊蜂般的聲音（要錄音），假借熊蜂威懾力量以防備掠食動物找上門來。這個瞬間的快速轉變，比舞台上的變臉表演要快得多！
- 發育成熟的黃鳶尾花苞，等到儲備能量可以綻放時，不到「一秒鐘」（要緊盯著看，專心計時），花朵突然就張開了，花把握住短暫的授粉時機！
- 博物學家的速描功夫也有助讀者領悟生物體的精微結構，而進一步了解生命現象。他在速描黃鳶尾花時，發現花瓣是以逆時鐘方向綻放。他好奇地檢查其他六十四朵鳶尾花的花瓣，均無例外。他又檢視了兩百三十六株藤本植物的鬚莖纏繞方向，結果也相同，作者認為這或許是它們皆演化自共同祖先的緣故。談到共同祖先，他進一步用 DNA 分子的旋轉方向支持演化論的觀點。

其實，作者最想跟讀者分享的還是他最鍾愛、最感興趣、最關注、最尊敬的，甚至可以說最親密的動物——渡鴉了。他出版了《冬日的渡鴉》（一九八九）、《渡鴉的智力》（一九九九）兩本科普書，可見他對渡鴉所下的功夫之深厚了。

本書詳細介紹他如何測驗渡鴉解決問題的智力。他為此所想出的精巧設計不但令人驚嘆，且能有效測驗出渡鴉的智力。在描述渡鴉有分辨與選擇食物之能力後，他將渡鴉的智力提升到智慧之高度。無怪乎他被譽為「渡鴉之父」，此一頭銜，他當之無愧！

在書的最後，作者選了七篇文章，用生物學的知識歸納出「生命存亡的遊戲規則」，對身為動物的人類也提出間接的規勸：人類要遵循共同祖先的襲產（基因），不可忽視生命演化的力量。

最後，作者提問：「生物學家如何找到希望？」，對此，他的回答充滿知識與啟發，或為閱讀本書的最大收益。

重拾對生物學的興趣

潘震澤

在接下這本書的翻譯邀約時，對於作者海恩利許我是一無所知；所謂隔行如隔山，我不認識他也很正常。這本書是海恩利許近五十年來的文章選集，共三十五篇，每篇的主題各不相同；翻譯過程中帶給我驚喜不斷，也讓我重拾對生物學的興趣。

本書的原文書名是 ***A Naturalist at Large***。at large 有「不受拘束」之意，像 a prisoner at large 是「在逃囚犯」，ambassador-at-large 是「無任所大使」；在此，還有另一個更貼切的含意，就是「內容涵蓋不止一個領域」（covering any area or many areas）[1]。作者的興趣廣泛，從樹木、昆蟲、鳥類、哺乳類，一路談到生命的生存策略，讓人眼界大開；還有許多篇的觀點甚至讓人茅塞頓開。

早年我寫過一篇文章〈生物愛好者〉[2]，其中有這麼一段話：「有的小孩從小喜歡

注

1 https://www.collinsdictionary.com/us/dictionary/english/at-large

2 收錄在《科學讀書人》（臺北：三民書局，二〇〇三年）

動物，豢養的狗貓不說，野生的蝴蝶、蜻蜓、蚱蜢、甲蟲，也都愛不釋手（雖然最後難逃支解命運）。近日研究所入學甄試，有學生在自傳中提到，從小愛在廚房裡看大人殺雞剖魚，目的是想知道動物內臟的構造，顯然也是此道中人。至於高中生物實驗課裡，一把抓起青蛙作穿刺解剖的，更非這些人莫屬。」這裡面有許多是夫子自道。

個人大學念的是動物學系，也就是一般生物學系的動物分組。照理說我應該「多識蟲魚鳥獸之名」才是，但我對於傳統的分類與形態學研究毫無興趣，也不喜歡長時間待在野外觀察及採集標本，於是走上了實驗科學之路，待在實驗室裡探究生理的運作之道。即便如此，我對於那些願意在大太陽下或是大半夜不睡覺、專心守候觀察的生物學者（如本書作者），還是欽佩不已。

幾乎所有的科學發現都始於觀察，某些看似平常或習以為常之事，在有心人眼中就引發了問題。例如本書作者偶爾看見一條似乎動也不動的毛蟲、一隻在楓樹間跑來跑去的松鼠、各種顏色與花紋的鳥蛋，以及一朵瞬間綻放的鳶尾花，就展開了有系統的調查與研究，最終對觀察現象也得出讓人滿意的解釋，這是與許多傳統的自然生態寫作大不相同之處。

多數的自然生態寫作之所以不讓人滿意，主要是個人主觀意識太重，對一些觀察的解釋缺乏證據支持，常流於自說自話。還有一些人提出的解釋，不是落入目的論，就是訴諸不可知的力量，都難以讓人滿意，這些缺點在海恩利許的寫作中就不存在。除了少數幾篇單純的觀察敘事之作外（如〈冬日來客〉、〈賞鷹〉、〈霸鶲日記〉等），其餘各篇都有實驗或理論的支持，讓人一步步追隨著作者發掘真相的過程，好比閱讀推理小說一般，引人入勝。

著名的演化生物學者杜布然斯基（Theodosius Dobzhansky, 1900-1975）有篇文章的標題經常受到引用：「除非從演化的觀點來看，否則生物學裡沒有什麼是說得通的。」（Nothing in Biology Makes Sense Except in the Light of Evolution.）[3]本書幾乎每篇文章都反映了這個說法。舉例來說，許多自然觀察者都看到並描寫了花朵的多樣性，也讚嘆其美麗與巧妙，他們卻說不出植物為何要演化出與眾不同的花朵來。海恩利許從花朵與授粉者的相互依存與共同演化入手，得出讓人信服的說法：只有保持花朵的獨特性，對授粉者才能有辨識度，不至於讓牠們在不同種的花朵間亂竄；至於授粉者的忠誠度則靠植物供應的花蜜維持。唯有將基因成功傳給下一代的生物（也就是取得生殖成就），才

注　3 Dobzhansky, Th. (1973). "Nothing in Biology Makes Sense Except in the Light of Evolution" *The American Biology Teacher*. 35 (3): 125–129.

是所謂的適者，得以繁衍興盛，否則將遭淘汰。

海恩利許的研究，有很大一部分是能量在生物當中的流動問題，包括產熱、散熱以及體溫的維持，都屬於動物生理學的範疇，與我的專業人體生理學也相近，只不過他研究的是昆蟲類與鳥類的體溫控制，與人類相比，有許多相同之處，但有更多的變化。像是肌肉收縮產熱、利用蒸散作用散熱，以及保存能量的逆流交換等，是共通的機制。所謂逆流交換，指的是並排的動靜脈血管，其中血流的方向相反；熱量可從離心的動脈傳給回心的靜脈，這樣就能保持身體的核心溫度，減少熱量從周邊的發散。但北極熊蜂蜂后為了加速子代在卵巢內的發育，也將腹部維持在高溫狀態，是個例外。餘如金冠戴菊利用抱團取暖的方式度過北國的嚴寒冬夜，可說是體溫控制的極致。

最後要感謝野人出版社王梵編輯的信任，讓我有機會翻譯這本書。希望通過我的譯文，讓更多人喜愛並了解我們生存其間的大自然，以及與我們共同生活的許多生物。

序言 Introduction

自然史學家觀察並提出問題，問題的解答則讓我們了解生命的各種維度。這本自然史隨筆的結集中，我希望提供大眾讀者一些例子，顯示觀察與生物科學之間的關聯。我選擇的主題來自對自然的一般觀察，著重於這些年來最讓我興奮的一些故事，發表在《自然史》（*Natural History*）雜誌及其他管道。其中有些結果來自長達幾十年的研究，還有的一些則是由趣聞所挑動，只激發了較短期的好奇心。在挑選文章納入本選集的過程中，我私心選擇了各式各樣的題材，這些題材都描述了所有生命的相互連結性，以及他們與我們每個人生命之間的關係。

對我來說，了解整個自然的過程似乎變得愈來愈困難。想要以科學方法深入研究，可能需要專業化；但專業化之後又會讓我們脫離了對世界的感受，使得研究和結論變得抽象。我希望這些文章能刺激並鼓勵人們參與、並渴望體驗自然，不只是經由科學，同時也經由直接的接觸。

我很幸運有過特殊的機緣與自然界進行了深入且親密的接觸，同時還具備了科學的背景。我之所以能擁有上述兩者的結合，要感謝提供我經驗與啟發的熱情前輩們，讓我能在富饒的土壤中成長。

我的父親戈德（Gerd）讓我和他一起外出捕捉姬蜂以及設下抓小鼠的陷阱；他在我六歲時指導我如何正確地把甲蟲釘在板子上，做為科學收藏。我的母親希爾德嘉（Hildegarde）教我如何給小型的鳥類和哺乳動物剝皮及充填，製作成博物館標本，她還教我如何把植物乾燥並保存。葛蘭超（Rolf Grantsau）教我如何製作和使用彈弓，以及使用畫筆。亞當斯（Floyd Adams）教我辨認在地面上覓食的啄木鳥（撲翅鴷），以及飛起來像鷸鶉（草地鷚）的鳴禽；當我用彈弓在亞當斯妻子蕾翁娜（Leona）開滿藍莓花的院子裡打了一隻蜂鳥時，惹得她很不高興。亞當斯帶我和他的小孩一起尋找野生蜜蜂、捕捉浣熊，以及在夜間到皮思塘釣美洲狼鱸。波特（Phil Potter）教我使用一把點30－30溫徹斯特步槍，還有如何操作獨木舟、飛魚釣桿、斧頭、乾草叉，以及鋤頭。我感謝庫克（Dick Cook）給了我信心和喜悅，讓我進行有意義、且適合發表在技術性期刊的實驗。在我把科學結果寫成論文時，巴索羅謬（George Bartholomew）教我考慮其中每一個用字。我到現在還深切記得並感謝這些人，本書呈現的工作都有賴他們的幫忙才得以問世，他們的精神長存。

感謝我的經紀人迪克斯托（Sandy Dijkstra），最早是由於她樂觀的推動，慫恿並鼓舞我再寫一本書。霍頓．米夫林．哈考特（Houghton Mifflin Harcourt）出版社的編輯厄米（Deanne Urmy）總是仔細地照看全局；我還要感謝布羅姆（Susanna Brougham）仔細的眼睛，挑出文中前後不一致之處。但這本書如有任何錯誤，責任完全都在我身上。格婁佛（Lisa Glover）優雅地統籌協調本書的出版。最後也是最重要的，我要感謝琳（Lynn Jenning）在我長時間坐在書桌前的耐心等候、解讀我的手稿並打字輸入，同時提供意見交流的主動支援。緬因州的森林已不是我們初抵時的模樣，也絕對不會再回到從前。緬因州海狗港自然學家筆記本（Naturalist's Notebook）的內夫（Craig Neff）和馬克伍德（Pamelia Markwood）典藏了我的繪圖，並讓我能在本書中使用。

表面有平行刮紋的圓石在無知者心靈所喚起的詩意，與知曉一百萬年前有冰河滑過那塊圓石的地質學家心靈所喚起的詩意，你以為是一樣多的嗎？

事實是，從來沒有從事過科學追求的人，對環繞在他們四周的詩意感知不到十分之一。年輕時沒有收集過植物與昆蟲的人，對於小路與灌木籬可能提供的吸引力，連一半都不會知道。

——史賓賽，英國生物學家
（Herbert Spencer, 1820－1903）

第一部

地表以上

FROM THE EARTH UP

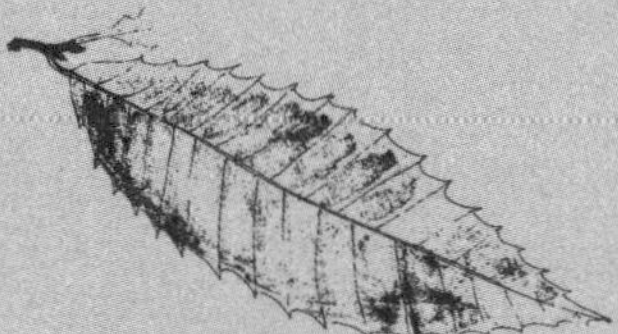

01 土壤中的生命

Life in the Soil

《自然史》（*Natural History*）二〇一四年十一月號

二次大戰結束後，爸爸、媽媽、妹妹瑪麗安和我擠在德國北部黑森林的一間小屋內，長達六年之久。參天的松樹、雲杉和山毛櫸將地面陽光都遮掩了，除了木屋前方一小塊斜坡地。不久前，地面還鋪了一層薄雪；在一場溫暖的春雨後，地面轉成黑色，那讓我注意到門階旁有件神奇的事發生：在一天的時間內，我看到一小塊土壤變成了油綠色。差不多又過了一天左右，那塊綠色已在黑色的地面上擴張。看著這一圈青翠的草葉片神奇地向外擴張，我徹底被迷住了。

就我記憶所及，那是我這生中最早體驗到的驚奇時刻。如果說地面一直都有青草，我可能不會注意到它，因為天天看就習以為常了。但是隔了一天就看到那一小塊青綠已經向外擴張，對我來說可是神奇與奧妙的時刻，甚至可用狂喜來形容，永遠刻印在我的記憶之中。

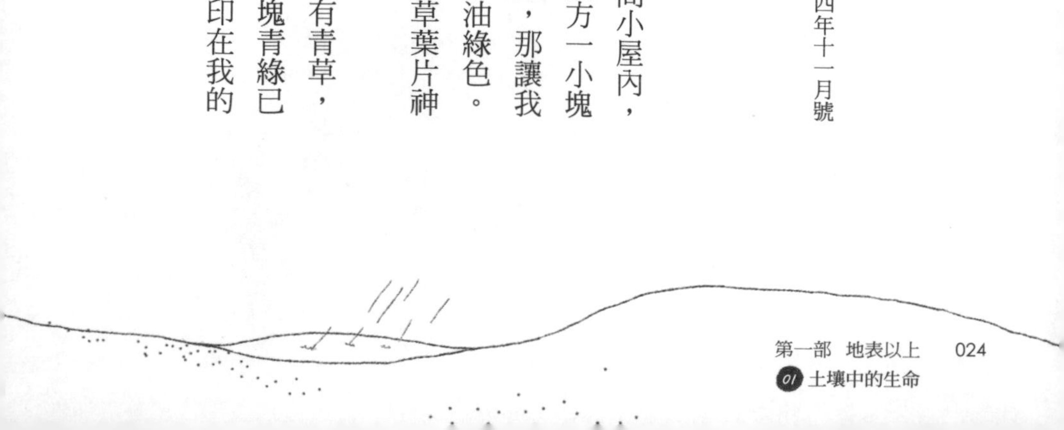

即便如此，在很長的一段時間內，長出青草的土地對我來說只不過是在我腳板下和腳趾間擠碎的東西罷了。那是從我住的木屋到我念的鄉村學校之間、約一英里左右林間道路的沙土。在我上下學途中，有發亮的綠甲蟲在我前方閃現，在太陽下牠們像寶石一樣發光。在短暫的迂迴飛行後，牠們會停在我前方幾碼處。我們叫這種甲蟲為「沙甲」，後來我才知道牠們的真名是虎甲。雖然我不能飛，但我能跑；能與這種美麗的生物並駕齊驅，讓人感覺真好。

虎甲蟲屬於虎甲蟲科（Cicindelidae），跟一般俗稱為步行蟲的步甲科（carabidae）甲蟲有關，牠們一般統稱為步行蟲（ground beetle）。步行蟲不會飛，但牠們能跑（其德文名 Laufkäfer 反映了這點，laufen 就是跑的意思）。這些地棲甲蟲很快就成為我的熱愛，隨我把玩。這一點受到我父親的影響，他是位生物學家。為了賺些現金，他把占領德國的英國軍人砍樹後留下的樹根從地下挖出來，靠賣木頭賺一些芬尼（pfennig，值百分之一馬克）。他還想到自己挖的地洞可能可以改裝成抓老鼠及鼩鼱的陷阱。我能夠同他一起做這件事讓我感到興奮，加上甲蟲會掉進坑內，讓我更加高興。他教我如何保存並收藏甲蟲，就像當時其他的小孩集郵一樣。他給了我一本圖鑑，讓我可以辨識已收集到和將來可能收集到的甲蟲。我很快就曉得了那些甲蟲的名字：大型黑色的土鱉蟲、暗藍色的藍地甲蟲、閃亮黃銅色的大步甲蟲，與之類似的有同色甲蟲，和深綠色金甲蟲。

這些精雕細琢甲蟲的優點不僅是因為牠們長得漂亮，同時還由於我在走路時，只要往地面掃描一遍就能找著。更讓人愉快的是，我還能抓住牠們。

不久前在新大陸的緬因州，我挖了個深坑當作廁所，讓我想到了步行蟲這個老朋友；因為在地下幾英尺深處，我挖出了一隻步行蟲，看到牠不禁讓我生出懷舊之情。牠帶著金屬光澤的黑色，以線條及凹槽雕塑而成，其邊緣還閃耀著深紫色。由於好長時間

■藍地甲蟲，我童年時期收藏的標本物種之一。

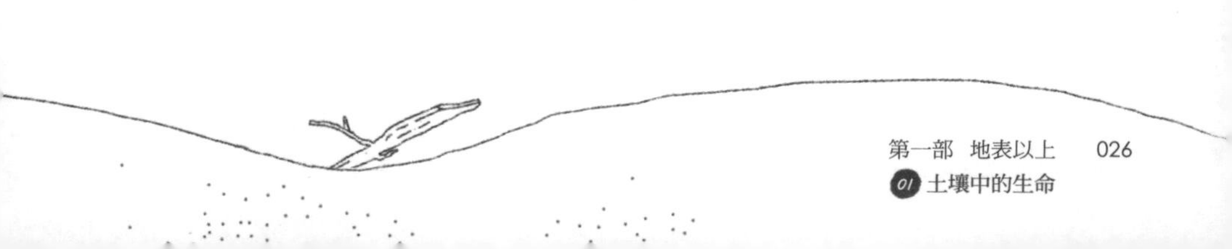

沒有收集這種甲蟲了，我並不曉得牠的種類，也不曉得牠在地下做什麼，但我用照相機將牠捕捉下來。或許牠是在幼蟲時就鑽入地底，在那裡完成變態、形成成蟲；或許牠是在那裡冬眠，又或許牠是在躲避炎熱或乾旱。不論如何，牠可能以蝸牛為食，蝸牛又以青草為食，青草則長在地裡，而那塊地我正準備用來接收我的排泄物。這塊接受一切的土地終究也要接受我整個人，把我變成青草、樹木、鮮花以及更多東西。在此同時，多年前我栽種的一棵美國栗子樹，以及不遠處的楓樹，也會因為靠近我的排泄物而長得更好。

我用挖坑掘出來的土做了個比地面高的菜圃，並在裡頭種了馬鈴薯。我在土裡塞了幾顆馬鈴薯，轉眼到了秋天，我就有了既漂亮又可口的育空金色馬鈴薯（Yukon Golds）。我的老伴琳看到了這個神奇的結果，沒知會我就開闢了一塊更大的馬鈴薯菜圃，還有順著竿子爬的四季豆、長在細鐵絲網上的雪豆，以及一叢叢綠色的羽衣甘藍、胡蘿蔔和萵苣。我倆熱切關注著在黑色土壤中冒出的綠色小點變成幼芽，然後我們會在八月收穫馬鈴薯，做為過冬的食材。

我認為從土壤生出的還不只是食物而已，對此，一百七十五年前的梭羅（Henry Thoreau）知之甚詳，也比我說得更好。老亨利（希望他不嫌我與他裝熟）「決定要對豆類植物了解更多」，於是他開墾了一塊兩英畝半的土地種豆，每天從「清晨五點就在田裡工作直到中午」。梭羅開始「愛上」並「珍視」他種的豆子，他寫道：「它們讓我與大地產生聯繫，於是我也像安泰俄斯（Antaeus）[1]一樣從大地取得力量。」梭羅獨自一人用自己的雙手幹活，變成如他自己所說的，「與自己所種豆子的親密程度要比一般人來得更大」。在此過程中，他得出結論：「用雙手勞動，就算是接近單調沉悶的工作，應該也絕不會比閒散懶惰更差。」他也說明了理由何在。

在照顧豆田時，梭羅「被飛過的野鴿子吸引」，有時他「看著一對老鷹在高空上盤旋」，聽著褐矢嘲鶇鳴叫，手上的鋤頭「挖出一隻動作緩慢、古怪且令人害怕的斑點鈍口螈」。他的這項事業「並不是因為想要有豆子可吃」，也不可能是「想要賺什麼錢」。

對於梭羅的浪漫理想及如下敘述，我都心有同感：他說他「會停下來倚著鋤頭；在田間任何地方聽到及看到的聲音與景象，都成為鄉間提供的無盡娛樂的一部分」，我想他與「一些同時代的人不同，那些人在夏天會把時間花在欣賞波士頓及羅馬的藝術品」當作娛樂。或許這種充滿生機的「閒散」才是梭羅最珍惜的。

大多數人想到泥土及農作，都希望來點「實際的」。一般來說我們種植豆子的目的，不是為了聽褐矢嘲鶇鳴叫，或是為了挖出一隻斑點鈍口螈。梭羅很實際地把他工作的精確經濟收益列舉出來。他把成本與盈利的金額都一一列出清單。根據他的結帳，整個豆園的花費加起來是一四．七二五美元，淨收益則是八．七一五美元。

以現今我們的想法，老亨利在二・五英畝的豆園裡忙活一個夏天，等於是白忙一場。我可以拿我和琳在第一年夏天偶爾照顧的菜園來做個對比；當初那是一塊雜草叢生、土裡都是石頭的荒地。在那裡我們沒有看到旅鴿，但我們也從我們的菜園得到與梭羅從他的豆園得到的相同快樂。還有，我們享受了彼此的相互作伴，這一點老亨利似乎沒有追求。因此對我們和土地來說，這是個雙贏的局面。但我也懷疑在入冬前，我們那塊地會是個賺錢的生意；無論梭羅是怎麼說的，我們推斷他的地也和我們的一樣。

我們那塊地有一千六百平方英尺（合〇・〇三七英畝，約一四九平方公尺），梭羅的地有我們的七十倍大。他花了三・一二美元購買種子，我們花了九十四美元。因此，以我們的幣值來說，他花的錢是我們的三十分之一；但以每英畝單位計算，他花的錢是我們的兩千一百分之一。以外包的人工來說，「犁地／鬆土／下種」花了他七・五美元（這個數字讓他不滿，《湖濱散記》中提到這個數字時，他還在旁加了「太多」這個注解作為強調）。他的「太多」究竟是多少呢？琳和我付了鄰居麥克一百五十美元來清理

譯注　1 安泰俄斯是大地女神蓋亞和海神波塞冬之子，力大無窮，他只要保持與土地接觸，就能從母親蓋亞處取得無限的力量。

我們那塊地（雜草叢生及布滿石塊的土壤）。先前提過，我們的地只有梭羅的七十分之一大；但梭羅並沒有付七十倍的錢，而是我們的二十分之一。整個算來，梭羅在每英畝地花的錢，是我們的一千四百分之一。同樣地，按分配給每英畝的花費計算，我們的總金額花費是梭羅的一千九百六十倍。我的意思是：自梭羅的時代（一百七十五年前）以降，通貨膨脹已將美金一元貶值了約兩千倍。因此梭羅看似微不足道的八・七一五美元淨利，以今日的幣值計算，是可觀的一萬七千四百三十元。（他看似瑣碎計算到的半分錢，今日可是值十塊美元。）

今日有多少年輕人一個暑假只需上午在豆園裡工作、其餘時間可以自行安排做「其他事」，就能掙到一萬七千美元？沒有一個！但梭羅熱情書寫的不是從豆園裡賺了多少錢的事，而是附帶的「盈利」。如今我們想靠種地賺到梭羅金錢收益的幾分之一都不容易；如果我們這麼做了，通常是接近土地的鄉村生活提供了其他滿足，這可是如今大多數人所缺乏的。梭羅嘲弄當時他所見到的農事，說是「帶著不敬的匆忙與粗心……只是為了追求有更大的農場及更多的收穫」。他的結論是「之後的夏天我不會再這麼辛苦地種植豆類及玉米了」，意味著就算是他的「辛苦」也已經太過了。

我們再來看看另外一位亨利，那是一世紀後緬因州的作家貝斯頓（Henry Beston），他可以說是生活在工業化農業剛開始的時候。在他的《北方農場》（*Northern Farm*）一書中，貝斯頓提醒我們「任何人的影子只不過是短暫地投射在任何草地上，存留下來的是大地，生命之母。」他的結論是：「當農業變成純粹只是為了實用時，有些東西就死去了……有時候是人類在實踐這種經濟行為，但更常見的是，土地和人兩者都遭到了毀壞。」

同樣身為人類，我種植豆子不只是為了實用的目的；我與先前兩位亨利的連結，不是以人為或假想中的界線，而是經由連結所有生命的土地。我們的農業可能是個象徵，但就像一早引發我對生命感興趣的青草葉，農耕這項活動發自我們的內心深處，對於我們與大地和其他生物的關係上，有時是個讓人興奮的提醒。

02

堅若磐石的根基

Rock-Solid Foundation

《自然史》（*Natural History*）二〇一七年二月號

在過去許多年來我見過的眾多漂亮古樹中，沒有比緬因森林中那棵巨大黃樺（*Betula alleghaniensis*）更出類拔萃的了，它矗立在離我住的木屋約一英里遠處。雖然離我第一回見到它至少已有三十年，但我一直沒有試著去了解這棵樹。我一直沒有去想為什麼這棵樹，或是黃樺這種樹，有什麼特殊之處，直到最近我才想到一個事實，它們可以在石頭上生長。地衣和苔蘚可在岩石上生長，它們可以連續乾枯好幾個月，然後在重新補水後復生；但樹木需要隨時有水分供應，黃樺樹怎麼可能在石頭上生根成長、而其他種類的樹木則不能？

這棵黃樺是這片森林中最古老的樹，它是如何能活得那麼久？在過去的兩百年左右，它定期開花，也可能產生了種子。在它周圍的地面上，躺著其他種類樹木的腐朽樹幹，那些樹的年齡沒有一棵比它更大，而它附近也沒有任何一棵新長出的黃樺樹。反之，它的旁邊有雲杉、冷杉及楓樹（有紅楓，也有糖楓），布滿了原先的草地。那片地是十八世紀末的開墾者把老森林砍了以後開拓的，用來放羊用。開墾者只留下了這棵黃樺樹孤零零地站在那裡，也是一樁奇事。

黃樺樹最為人所知的，是它帶著漂亮金色光澤的平滑樹皮。這棵我內心認定是屬於我的樹，會剝落大塊的樹皮脆片。它的樹心已經腐朽，因此很難斷定它的確切年紀。從它外殼的細小年輪推算，很容易大幅高估它的年齡。我保守的推測是，它已活了三百年之久。它的高度只有四十五英尺（一三．七公尺），與上坡處一棵樹齡一百五十年的白松及順著老圍牆長的一棵樹齡有兩百年的糖楓相比，可謂小巫。但以樹圍論，它的周長有十一英尺（三．三五公尺），比這片森林中所有樹木都來得大。它就像地裡長出的一座巨型、長滿粗毛的煙囪。它的頂部有個開口，通向中空的樹心，讓人想到一八〇八年奥杜邦（**John James Audubon**）在肯塔基州靠近路易維爾市發現的那棵七十英尺（二一．三公尺）高的腐朽美國梧桐樹。那棵樹裡住了估計有九千隻燕子，這麼多燕子從中空樹心發出的轟鳴聲，讓奥杜邦驚訝不已。七十年前，燕子在這一帶還很常見的時候，也可能住過這棵黃樺樹。我們之前在附近住過的農莊，就有好幾對燕子在煙囪裡築巢。哺乳動物也能進駐我的這棵黃樺樹內，在離地兩英尺（〇．六公尺）處的樹幹上有個洞，大到讓食魚貂、豪豬，或小熊都可以進出。

我在很多時候都曾把各種樹木的種子撒在地上，然後在沒有遭到改變的森林地面觀察幼苗之間的戰鬥。在我撒出數以千計的樺樹種子中，沒有一粒發過芽。反之，靠近我木屋種植的一棵黃樺樹卻活了下來，以每年兩英尺（〇．六一公尺）的速度生長。

缺少黃樺樹的幼苗不是因為缺少種子。我們讓數字說話：我計算過，每個黃樺樹圓錐形的毬果中平均帶有一百三十粒種子；該數字乘以每根枝椏上有多少個毬果，一棵一般大小的成熟黃樺樹有多少枝椏，結果是一棵黃樺樹一年可以生產出一千九百五十萬顆種子。黃樺樹的種子不像山毛櫸的種子由鳥攜帶，或是白楊樹的種子由風散播，它們的種子就散落在離母株不遠的地方。看起來這些種子要極其幸運才能找到一絲不差的地點或環境發芽。

在森林的另一處，我發現一排近乎成直線、樹齡都接近的黃樺樹幼苗，它們長在一條伐木工人頻繁使用的老舊道路旁，附近有一棵結實的大黃樺樹。顯然這些幼苗之所以能生根，是因為土壤被翻過。這個假設受到另一處伐木工地的支持，該地的土壤遭受過重型機械的嚴重摧殘，然而黃樺幼苗卻在這片被機械攪動過的土地上長出。那些幼苗的年紀與伐木場停工的時間點正好吻合。

我對黃樺樹的可能生長地點產生了興趣，因為整片森林裡有許多高大健康的黃樺樹矗立在岩石上，然而在這些結實的黃樺樹周圍，卻沒有看到任何幼苗，即便是附近有空曠的地面也一樣。我在樹的殘幹上發現有黃樺的幼苗，伴隨膠冷杉及雲杉的幼苗。這給了我一個線索，針葉樹偶爾會在腐爛的樹樁上生長，但不會在岩石上生長。

所有我見過的這些黃樺樹與冷杉和雲杉不同，它們會在落腳的岩石或樹樁邊緣，延伸出一或好幾條樹根，下潛到土地裡。由於沒有其他任何種類的幼苗在同一塊岩石或樹樁的周圍生長，我認為掉在地面的落葉可能阻止了黃樺的種子生根。那麼可能來自楓樹、白蠟樹、山毛櫸及橡樹的落葉形成的覆蓋層又如何阻止了黃樺的種子生根呢？理論之一是說，一棵樹的周圍之所以沒有幼苗生長，是由於生長抑制因子的作用，這些因子稱作「相剋物質」。但在這個例子，從生態及演化的觀點，才可能是更合理的解釋。我們先從種子的大小及土壤談起。

雖然黃樺種子數目要比競爭物種的種子數多得多，但其微小的種子攜帶來自親代的投資少得可憐，也就是說沒有包含多少可用於發芽的脂肪、醣類或蛋白質，使得它們在發芽時馬上就需要取得這些資源。森林的清除行動，包括伐木，將天空的覆蓋打開，讓陽光照射進來，提供新苗生長的機會；而所有樹木和其他植物的種子或幼苗都會接受到陽光的照射。一開始，所有種子或幼苗的立足點都是相同的，接下來，競賽就開始了。橡實、栗樹和山毛櫸的種子都攜帶了大量的能量貯存；它們有能力在任何地方開始生長，就算是埋在厚厚一層的落葉下方也一樣。黃樺樹的種子缺少這種貯備，反之它們擁有一種機制可讓它們迅速地在溼潤的空地上尋找水源，並利用上方的陽光生長。無論是樹樁、帶有潮溼苔蘚的岩石，或一小塊裸露的土地，都能提供黃樺種子的落腳之處，然後快速生長的根部則往下伸展接觸水源。與其他親代提供食物資源的樹種相比，黃樺幼苗的存活機率就是低；但只要兩者都長到了相同的高度，它們的生長策略就趨於一致了：都需要爭取陽光。不過對黃樺樹來說，還有額外的轉折。

樹木不只是垂直向上生長，以取得最多的光照，它們還朝橫向發展，以取得來自側面的光線。在森林中，每平方英尺的土地可有數以百計的種子同時開始生長，每粒種子從上方及側面取得的陽光配額都在減少之中。

在天空覆蓋被打開後的幾年內，雜木林形成了，很快就不會再有新的幼苗出現。當有一棵針葉樹矗立，就會形成幾乎是永久的黑暗庇蔭，就連苔蘚或地衣都不能生長。在生長大型闊葉樹的落葉樹林中，季節性的落葉使得初春時分的地面有暫時的陽光照射，讓地衣及苔蘚有機會在接受到陽光的岩石、樹樁及木頭上生長。不過掉落在落葉層底部的種子，就注定沒救了，除非它們攜帶足夠的能量儲存，可以發芽穿過落葉以接收陽光。

反之，我們來想像一粒落在岩石表面苔蘚上的微小樺樹種子；類似海綿的苔蘚會定期地儲存夠多的水分可供種子發芽。如果新生幼苗的兩片微小綠葉能從高掛天空的春陽及秋陽吸收到足夠的能量以及環境中的二氧化碳，再結合來自苔蘚的水分，那麼種子的根部系統就會開始生長，從種子所在的岩石棲地向外探索。根部長得愈快且愈長的幼苗，就有愈大的機會接觸地面及水分。一旦根部接觸到了水分，就會快速反應，長得更大，取得更多水分及資源，以供生長之需。

想要回答「什麼樣的適應使得黃樺能在岩石上生長、而其他樹木都不能」的問題，我猜測黃樺仰賴的是其根部的快速生長。我在一座落葉林中發現一根腐朽的松樹幹，附近正好有一棵巨大的黃樺樹。森林地面鋪滿了厚厚一層的落葉，一如所料，在鋪滿落葉的地面看不到任何的黃樺樹幼苗，但在苔蘚覆蓋的木幹上卻找到了十四株，它們的高度從幾英寸到幾英尺不等。我試著把其中較大一棵幼苗的根給拔出，結果拔出了六英尺（近兩公尺）長的根，其直徑從二．一毫米縮減至一．五毫米。如果說整個根部從樹幹到根尖直徑的縮減速率是一致的，那麼根尖是〇．三毫米的話，整條樹根就應該長達二十五英尺（七．六公尺）。黃樺樹的根看起來及摸起來就像是一條繩子，我怎麼拉也拉不斷。根的分支一路變成細線，然後再繼續往下分，直到看起來像蜘蛛網的細絲；其數不清的分支就像是發芽的頭髮。接下來，我把一棵有三年歷史的黃樺樹苗從地裡拔了出來，包括所有的根。這棵樹苗的樹幹有二十三英寸（五八．四二公分）長，上頭有三根細枝，分別是三英寸（七．六二公分）、五英寸（一二．七公分）和八英寸（二〇．三二公分）長。像上回一樣，我還是不能把根的根尖部分全部拔出；但我一路分別挖出了十二、二十、二十四及二十九英寸（三〇・四八公分、五〇・八公分、六〇・九六公分、七三・六六公分）長的幾條根。就我能挖出的幾條較大的根部分支來看，這棵樹苗的根部總長至少是樹幹及分枝長度的四倍半。這些樹根都夠長（還是好幾倍的長度），能從樹苗棲息的木頭往下鑽入地底。極度纖細的樹根，代表它們可以快速增長。幼苗只需要接觸相當短暫時間的溼氣和陽光，就能製造出運輸水分和養分的管線。

當樺樹種子被散布到適合的地方並發芽後，設法盡快接觸到有水分及養分的土地，只是其策略的第三步。接下來的奮鬥主要是競爭陽光，好攫取陽光所攜帶的能量來固定二氧化碳。從各方面來說，與四面八方的鄰居樹苗競爭誰能長得最高，向上方生長可能是最好的策略，但橫向發展的選項也不是沒有好處。在我開始勾畫樹木的形狀時，我發現向上方以及向外圍生長都各有所妥協，兩種選項也都受到不同程度的運用。在混合了各種落葉喬木的樹林中，像是有紅橡樹、美國白蠟樹、紅楓和糖楓生長的樹林，所有的樹都垂直向上生長，很少有往旁邊生長的側枝。如果側枝被自身上方、或是旁邊的樹葉所遮掩，它們就會死去並掉落在地。資源永遠是分配給位於上方的樹枝。

這樣的過程發生在所有密集生長的樹木當中，但山毛櫸和黃樺樹會維持其位於下方的側枝較長時間，才捨棄它們。這麼做造成的結果，是這些物種在年輕時會橫向生長更長時間。很顯然，它們對陰暗的容忍度較高，從濾過林冠的些許光線就足以讓這些側枝生長。因此，當其他樹種長得又高又瘦，頂端的樹冠通常也很小時，黃樺樹和山毛櫸的形狀就更像個針葉樹（也就是個三角形，擁有一層層向外生長的側枝）。但對黃樺樹來說，當它抵達林冠的開口時，其形狀就會出現大幅的改變：它會長出向四面八方伸展的巨大樹冠。只有到了那一刻，黃樺樹才會捨棄其位於低處的側枝，同時讓樹幹長得更粗。擁有了這些知識，加上我手上有年輕及年老黃樺樹的素描，於是我回頭來看看我那棵老壽星樺樹，試著重建它的生長史。

那棵老樹最醒目之處，是它又高又直的樹幹。如果說它一開始是長在一塊空曠的區域，那麼它的側枝將會向外伸展，並不停生長。它可能會長出好幾個樹幹，分別長向不同方向，但這棵樹只有在樹幹三十英尺（九．一公尺）和以上的地方長出粗大的側枝。在這棵樹生長的緩坡上，看不到有大型裸露的岩石，它的年齡太老，當初也不可能是在經過人類翻攪過的土地上開始生長，例如伐木或農耕。但火災可能提供了它生長的空地，同時地面也不會有落葉層防止黃樺樹的種子發芽：它會在開放天空下的一塊空地上發芽生長。因此，它會與冷杉和雲杉的幼苗一起，生長在火燒山後長出的雜木林中。在與競爭者一起長大的過程中，它會把較低處的側枝給除去，因為火災後長出的針葉樹林會十分陰暗，即便是黃樺樹也必須加入攻頂的競爭。不過冷杉的壽命不長，終究長壽的黃樺樹會有機會伸展它的側枝，它會長得更高且更寬。在一到兩百年的時間內，它歷經颶風和冰風暴的摧殘而屹立不搖，但暴風雨將剪除它的頂端和最粗大的側枝，而逐漸形成它目前的形狀。

在此豪豬也扮演了一角：牠們會固定地在離地面不遠的高度，咬下大片山毛櫸和樺樹的樹皮。這種行為通常會造成樹的死亡，除非還剩下一塊活著的樹皮。即便如此，失去樹皮的木頭通常會壞死，在常年潮溼的北方森林中，木頭的腐朽就造成了中空的樹，新鮮的木質則會在傷口四周長出。這棵樹的樹洞及空心可能就是由於這樣的遭遇造成，發生時間大概是兩到三百年前。腐朽會弱化樹的頂部，使得它更容易受到天氣的傷害。

這棵老壽星樹的樹冠仍然夠大，可接收陽光的直接照射，足以和在它下方新長出的楓樹、冷杉、雲杉和紅橡樹匹敵。根據我上回的檢查，這棵樹的上方側枝，一如其他處於生殖年齡的黃樺樹，仍布滿了帶有種子的毬果；據我估算有五百個毬果（約六萬五千顆種子）。在冬天，美洲金翅雀會成群地停留，以這些種子為食。披肩松雞在冬季也大幅依賴樺樹的花蕾。初春時分，這些花蕾會裂開，展現出樺樹的淺綠色葉片，及其流蘇狀花朵。理論上，一棵樹在漫長生命中產生的每一顆種子都有可能長成另一棵樹，但我們也要接受現實：平均下來，只有一顆種子能夠長到成年。

03

栗樹的散播

The Spreading Chestnut Tree

《自然史》（*Natural History*）二〇一六年四月號

想像一下一棵有三公尺寬、高度超過三十六公尺的樹，其淡黃色的花可讓整座山看起來像是覆蓋了白雪一般。當年美國栗樹（*Castanea dentata*）開花時，可是具有改變地景的壯麗與風采。它曾經是美國東部森林之王，從緬因州南部直到喬治亞州的林地裡，估計有四分之一的樹都是栗樹。它屬於極相種（climax species），也就是說在穩定的環境中維持不變的物種，同時它對野生動物和人類都極為重要。帶著皮革般外層的栗樹堅果是許多動物的食物，包括鹿、火雞、旅鴿、冠藍鴉、松鼠以及人類。對許多拓荒者來說，栗子是種美味的食物來源。人們使用栗樹的樹皮來製革，栗樹細緻質輕的木材易於利用，同時還特別能抗腐爛。做為建材而言，栗木是製作柵欄柱、穀倉及房舍木材、鐵軌枕木、家具、搖籃以及棺材的上好木料。在過去，栗樹被稱為從搖籃到棺材之木。

然而在一九〇四年，一場讓人難以想像的災難發生了。紐約動物園（如今稱作布朗克斯動物園）的首席林務官梅克爾（Hermann Merkel）注意到，位於園中人行道兩旁的栗樹中有些生病了。過了一年，園中所有的栗樹都受到了感染。這種萎菌病是由一種名叫寄生枯病菌（*Diaporthe parasitica*）的黴菌所引起；很顯然，該黴菌是在一八七六年隨著進口到紐約法拉盛區一處苗圃的抗菌亞洲栗樹，進入美國。從最早發現這種萎菌病的一九〇四年起，該病以每年三十二到八十公里的速率散播，所到之處幾乎沒有一棵栗樹得以倖免；據估計有三十五億到四十億棵栗樹死亡。這場傳染病發生時，美國栗樹似乎已經向西部擴張，直達印第安那州和伊利諾州。到了一九三〇年代，美國栗樹稱霸的時代已經結束，絕大多數的栗樹都不再存在，除了密西根州還有一些倖存的老樹。

一九七〇年代中，密西根州凱迪拉克鎮有位名叫康普（James Raymond Comp）的退休人士，他在七十三歲那年，開始把住處附近已知尚存的栗樹給標記下來；其中許多樹齡都在八十到一百年之間，由來自紐約州及賓州的墾荒者所栽種。在凱迪拉克鎮一地，康普就標記了超過一千棵的美國栗樹，其中許多仍繼續結實。康普對密西根州的這些栗樹著迷，由於某種理由，它們對黴菌引起的萎菌病具有抗性。康普相信，將這些樹的子代傳播出去，將可能挽救這個物種。美國林務署駁回了康普的建議，因為在那個時候，枯病菌對栗樹具有百分之百的致命力，似乎已是個既定的事實。

康普不為所動，他轉向韋克斯佛土壤保育區（Wexford Soil Conservation District）

求助，請求他們一起加入這項任務。這個於一九四五年成立的郡縣組織，一向與農民和其他公民合作，執行保育計畫。康普說服了韋克斯佛郡以及鄰近密索基郡（Missaukee）保護區，加入散播密西根栗樹種子的行列。事實上，國家林務署對黴菌影響的論斷過於絕對了：在東部森林迅速蔓延的萎菌病在抵達密西根州之前，由於黴菌或是栗樹的改變，就已經出現戲劇性地減緩。位於栗樹分布區域西端的一些樹木在一九四〇年代遭到感染，理應在四年內死亡，但過了三十年後，它們依然存活；它們遭到感染而生出的潰瘍已經痊癒。對於這種病情減緩的解釋，可從歐洲的經驗找著。歐洲的栗樹（*Castanea sativa*）同樣也受到萎菌病的肆虐，但在一九七六年，研究人員發現有種病毒（屬於低毒性病毒科〔Hypoviridae〕）攻擊了這種黴菌，大幅降低了黴菌對栗樹的衝擊性，因此使得歐洲的栗樹得以存活下來。

在這個發現之後，就有人提出假說，該病毒也存在於密西根州，並且造成了該州的栗樹對萎菌病產生抗性。由康普著手進行的栗樹標記計畫，得到密西根州荷蘭市霍普學院的學生布祿爾（Lawrence Brewer）的加入，後者找到了超過一萬棵仍然存活的栗樹。在當時，密西根似乎是美國唯一的一州還有顯著數目的美國栗樹存活。（從那時至今，數以百計到千計健康的美國栗樹林在威斯康辛州的西塞勒姆村及喬治亞州的溫泉市發現，此外還有零星的栗樹在其他州發現，包括緬因州在內。）由於一個人的決心，加上朋友及地方組織的幫忙，終於促成了美國栗樹協會（American Chestnut Council）的成立。美國栗樹協會設於密西根州凱迪拉克鎮，致力於收集密州具抗性栗樹的種子，並與各個苗圃合作，培育栗樹苗，並賣給社會大眾。

我早早就加入了康普的追尋，在一九八二年購買了二十五棵密西根栗樹苗，把它們種在了緬因州我住的木屋附近。當時我並不期待自己能活著見到這些栗樹開花，結實就更不敢想了；因為就算它們能存活下來，附近也沒有其他栗樹可幫它們授粉。即便如此，看著自己種下的一些樹苗生根、向上生長，伸展它們帶鋸齒狀的葉片，看起來就像超大號的山毛櫸葉片（美國栗樹就屬於殼斗科〔Fagaceae，又稱山毛櫸科〕），還是讓人興奮。

■美國本土栗樹的葉片、果實與種子

但出乎我的預期，多年後我確實看到種下的栗樹開花了。各式各樣的甲蟲、飛蛾、蒼蠅、蜜蜂以及黃蜂，都被栗樹帶著霉味、類似流蘇的長白條花序給吸引過來。綠色小型果實從雌蕊中長出，一路長成如棒球般大小的綠色帶刺果實，稱之為刺果；每顆刺果中間一般帶有三粒皮革般的堅果。在第一次有這些刺果長成時，我迫不及待地查看其中的堅果，結果沒有一個刺果帶有受過精的堅果。一如之前所料，產生這些果實的雌蕊並沒有經過授粉。

這些栗樹以每年約六十公分的速率長大，當它們在我胸部高度的樹幹長到有三十公分寬時，仍然沒有發病的痕跡。美國栗樹協會緬因州分會的一位成員前來拜訪這些樹之後，宣布它們是純種的美國栗樹。在我的土地上生長著四棵健康、早已過了青少年期的美國栗樹，是我之前想都不敢想的。不久之後，還有更多我之前想不到的事發生。

十月下旬的某一天，當森林中大部分樹的樹葉都已凋落，我發現了一叢三棵小樹苗，它們鋸齒狀葉緣的葉片，屬於標準的栗樹樹葉。當我刨去一些土壤，我發現了一年前的美國栗樹種殼，那些樹苗就是從其中長出來的。在我住的木屋附近，居然有新生的小栗樹生長！在我栽種的四棵存活栗樹之間，一定出現了交互授粉。這些幼苗的發現（後來還發現了更多），引發了一些值得探索的問題。

我最早從栗樹下方拾得的刺果是因為沒有經過授粉而提早掉落，因此種子沒有發育；而栗樹也不把能源浪費在沒有回報的投資上。反之，從授了粉的花蕊長出的果實帶有活的種子，會繼續留在樹上直到成熟，但它們會散布在森林遠處是讓人好奇的事。那些栽種在我家空地邊上的結實栗樹附近，我並沒有發現幼苗。是誰或是什麼東西將栗子散播出去？自那以後的每個秋天，我都密切注意著可能散播堅果的到底是誰。

有年秋天，我注意到有一群冠藍鴉停棲在栗樹上；有一週之久，牠們從帶刺的果實中將堅果挑出。冠藍鴉挑選的覓食時機，正好與刺果外部四個凸緣向外捲曲、露出其中柔軟、絲狀內部的時間一致；牠們不會打開還關閉著的刺果。冠藍鴉會把兩到三個堅果裝入其喉部的小囊，然後從樹梢上方飛離，想必是把堅果藏在地面或地底。眾所周知，鴉科鳥類會四處貯藏食物，把每一批貨都藏在不同地方。我前後發現的兩百三十八棵栗樹幼苗，確實都分布廣泛。不過奇怪的是，許多幼苗都以兩到三棵的方式成群冒出；但有些幼苗群數目多達十棵，甚至還有一批包含了二十棵幼苗。我一早發現有這麼大群的幼苗時，相當吃驚，因為冠藍鴉一般一次只會攜帶不超過三顆堅果，同時牠們也不會在同一地點重複藏匿食物。我想，如果能找出這些栗樹幼苗的散布者，對於栗樹的復興應該是有幫助的。

同年秋天，有幾隻灰松鼠也造訪過這些栗樹，但牠們停留在樹冠上，以果實為食。紅松鼠在堅果成熟前就抵達了，這時刺果仍緊閉著。我聽見一連串如網球般大小的刺果跌落在地的聲音。這些松鼠把刺果從樹枝上咬斷，讓其掉落在地，然後牠們爬下樹，撿起刺果，咬開，當場就把堅果吃了。由於刺果的保護性厚皮以及突出的棘，看起來就像海膽一樣，因此松鼠的進食過程緩慢，應該也感到疼痛。在此過程中，我並沒有看到有任何松鼠帶著刺果或堅果離開。

次年的秋天就有所不同。那年山毛櫸的結實纍纍，冠藍鴉似乎無視栗樹的存在。但當刺果裂開時，有隻紅松鼠在樹上；這一回，牠不用再把刺果從樹枝上咬斷了。牠一次又一次地爬上樹，帶著一顆堅果又爬下樹，跑進森林裡，每次都走同一條路。我猜想牠是去藏匿堅果。這麼做對松鼠來說是有獎勵的，因為突然有數以千計、不用咬開帶刺棘的厚皮，就唾手可得的堅果。

那隻松鼠似乎把這些堅果都帶到同一區域，就算不是同一個位置。我等到松鼠再一次爬上樹顛時，趕緊朝松鼠方才出來的方向跑進樹林，躲在希望能看到松鼠朝哪個方向而去的夠近之處。果然，幾分鐘後，那隻松鼠抓著一顆堅果蹦跳著跑了過來。在牠跑下一趟時，我朝著牠前去的方向再移近了一些，直到我看見那隻松鼠把牠帶來的堅果放進一棵樹樁邊上的洞裡。

在那個洞裡，我發現藏了十顆堅果，上頭有薄薄一層樹葉遮掩著。我把樹葉重新蓋好，離開了那塊區域。等我一小時後再回到那裡時，堅果已經不在了。顯然松鼠不是看到就是聞到了我，於是把收藏的寶貴堅果給轉移了。但我也解開了怎麼樣以及為什麼有時候會在同一地點長出一群十來棵栗子樹苗的謎團。

對栗樹的存續來說，如何儲藏栗樹種子，可能要比種子散播的位置和數量更為重要。我在秋天收穫的栗子與其他豆類或種子不同，後者你放乾了，在經過補水後，它們仍可發芽。而我的栗樹種子在室內很快就變乾了，然後它們也就死了。我把一些栗子放在室外，它們結凍後也死了。接著，我把一些栗子堅果放在潮溼的泥炭苔上，置於室內避免結凍。到了來年春天，它們的外圍包覆了一層濃密的白黴，內部則變成軟糊狀。為什麼由鳥和松鼠藏匿在森林裡的種子，過了冬天就能發出幼苗呢？

只有實驗能回答這個問題。我把一些堅果以鐵絲網包覆，將其放在新掉落的葉子上；其他的則隨便撒在葉子上。那些有鐵絲網保護的堅果都被凍死了，另外隨意散落的堅果則不見了，想必是被動物給取走。不過我還把一些堅果埋在地下五到十公分深的地方；這些堅果就活著度過了冬天，而於春天發出新芽。我有一次看見冠藍鴉用喙將橡樹子壓入軟土內儲藏。鴉科動物會固定埋藏食物，將食物塞進裂縫，或是用附近的碎礫掩蓋；牠們對栗樹種子或許也是這麼做的。紅松鼠會把堅果藏在天然孔洞，或是地面好幾層樹葉下方。顯然，這些動物並不只是扮演了栗樹種子的散播者，牠們還是播種者。

美國栗樹的回歸森林，可能有冠藍鴉及松鼠的幫忙，但此時人類的介入也是需要的。我所發現的栗樹幼苗大多數都位於森林深處陰暗之地。在種子發芽的第一年內，微小的幼苗由堅果本身儲存的食物支撐，可長到十五到十七公分高。其如同細線般的莖部可長出好幾片葉子，試圖抓住任何灑下的陽光。大多數時候，幼苗都被大樹給遮住，只會長大一些，或是根本不長。次年，除了維持存活或是長出幾片新葉外，它們得不到多少多餘的能量。儘管如此，它們在陰暗處存活的能力還是讓人印象深刻。森林中其他樹種不論掉落多少種子，其幼苗的存活時間都不如栗樹苗來得長，大多數甚至不會發芽。一如樺樹，栗子從親樹也只繼承了少量的啟動能量；在捕捉能量上，它們葉片的效率還可能更差。

只要有斑駁的陽光灑落在森林地面，栗樹幼苗就可能取得捕捉能量所需的陽光，將其投資在從緩慢到顯著的生長過程。但只要栗樹幼苗的高度還在野兔、鹿以及麋鹿能接觸的範圍，它們就很容易被這些動物掠食。如果幼苗碰巧長在一塊因樹倒、樹枝被風吹折或伐木造成有空曠天際的所在，它們就可能以每年兩英尺（〇．六一公尺）或更快的速率生長，也就有很大的機會成為森林中活躍的一員。在二十到三十年內，它們不但能生出子代，同時還能為昆蟲、鳥類以及哺乳動物提供食物與庇護之所。根據美國賓州狩獵委員會的報告，「栗子提供了野生動物高能量的食物，它含有十一％的蛋白質，相較之下，橡實平均只含有六％。栗子還帶有約十六％的脂肪和四十％的醣類。」一棵成熟的美國栗樹每年可生出多達六千顆堅果；每株白橡樹約可生出一千顆堅果，紅橡樹則能生出約兩千顆；但這兩種橡樹產生橡實的數目都不穩定，只有栗樹每年都開花且產生栗子。

美國栗樹對其棲地的附加價值，解釋了為何目前在美國十六個州都有活躍的美國栗樹基金會的分會成立，栗樹在這些州都曾經盛極一時。該基金會於一九八三年由一群植物學家成立，他們致力於讓栗樹在其原生地重新生長，州政府的一些單位也為了相同的目的採行了一些土地管理辦法。

對美國栗樹來說，容易遭到動物掠食以及黴菌的侵犯，並不是全有或全無的情況。

天生基因較易受感染的樹種，如今大多數已不再存在；在天擇的作用下，已出現抗性較佳的品種。但由於栗樹換代的時間過長，因此天擇的過程緩慢。不幸的是，被萎菌病殺死的栗樹裡，有些樹樁仍然存活，也還會發出新枝。某些樹樁長出的新枝，已大到足以散播它們的基因及萎菌病。這種疾病仍然盛行，目前許多位於栗樹生長帶中心的栗樹，是以存活的樹樁形式存在。

緬因州位於美國栗樹生長帶的北緣，該州一直都有不帶萎菌病的栗樹族群存在，一九七〇年代，一位緬因大學森林系的年輕學生瑟伯（Welles Thurber）對這些栗樹萌生熱情，並致力展開保護行動。瑟伯著手種植及散播不帶萎菌病的本土種栗樹幼苗，不論到哪裡都四處尋找栗樹。他成了大家口中的「栗樹人」，類似密西根州的康普。早在美國栗樹基金會成立前，瑟伯與後來出任基金會養殖組主任的荷巴（Frederick Hebard）就見過面，他倆最終得出結論，保存緬因州栗子樹的最佳之道，就是與美國栗樹基金會合作，發展出抗萎菌病的樹種。一九九九年，美國栗樹基金會緬因州分會成立，瑟伯著手從基金會雜交育種計畫取得花粉，給一些緬因本土種的栗樹授粉。利用「回交育種」（backcross breeding）的方法並經過許多世代的育種，美國栗樹基金會和緬因分會著手製造出帶有一些中國栗樹（*Castanea mollissima*）基因的品種，賦予了它們對萎菌病的抗性。但在第五代或第六代之後，它們攜帶的基因絕大部分就來自純種的美國栗樹。雖然緬因分會使用了雜交樹種的花粉，但該分會對於使用基因工程來改造栗樹，持堅定的反對立場。緬因分會計畫在其育種園裡種植五萬四千棵雜交栗樹，在二〇二〇年之前，他們的進度已超過了一半。

栗樹基金會緬因分會發現了六十七處美國本土栗樹的生長地，其中沒有一株栗樹出現染上萎菌病的跡象。這些栗樹當中有好些高度都超過二十三公尺，其中最高的一棵是二〇一五年發現的，有三十五公尺高。但它的樹圍頗為細小，只有一二七・八公分，我於一九八二年種的栗樹裡，最大一棵的樹圍就有一百三十二公分。緬因州還有好些長得更為粗壯的栗樹，它們都很健康。

三十四年前我種下這批幼苗時，對它們的存活抱有很大的希望；但很快地，它們就在植被的更替以及從我的生活中遺失了。當初我種下的二十五棵幼苗裡，如今只有四棵長大成樹。它們有數以百計的子代生長在附近的森林中，其中三棵長得最大的子代中，有一棵已長到九・四公尺高，樹圍則是二五・四公分，它每年可長高幾英尺。這些個別的栗樹都茁壯成長，但栗樹這個物種能否重返我們的森林以及文化之中？美國森林曾廣布著美國栗樹，並長得燦爛輝煌；沒有人會想到幾粒顯微大小的孢子就幾乎將它們全部殺死。如今，微小的希望種子或許能幫助它們復甦。

栗樹仍然不斷給我們帶來驚喜。我在緬因州種的栗樹中有兩棵被豪豬破壞得很慘，成圈的樹皮都給啃光，樹也就死了。同年我在佛蒙特州也種了四棵栗樹苗，它們都很健康，但這四棵樹長得較小（光線不足），至今還沒有結實。我最早在緬因州種的四棵栗樹都已經結實超過二十年了。授粉對結實十分重要，有各種昆蟲會造訪栗樹的花。二〇一六年春天，我在這四棵栗樹附近放了一個蜂窩，成群的蜜蜂可說是朝著整株的栗樹花朵蜂擁而去，在栗樹附近都能聽到蜜蜂飛舞的嗡嗡聲。該年幾乎所有長成的刺果都帶有可發芽的堅果，每棵刺果裡平均有二．四個堅果（一般是三個）。二〇一五年秋天，由於某些未知原因，刺果並沒有自行張開，釋出其中的果實。冠藍鴉啄開了一些半開的刺果，並在樹冠上大幅搜尋果實。

好幾隻冠藍鴉會同時在同一棵樹上「工作」，但同時間內，只會有一隻紅松鼠在樹上：這種動物具有很強的領域性。如果有一堆堅果，其中有些實心，有些空心，冠藍鴉啄到了空心的堅果，就會放掉，只帶走實心的。我在二〇一六年秋天撰寫這篇文章時，最早在緬因州種下的四棵栗樹的孫輩，已經開過了它們的第一批花朵。

• • •

森林中的樹木與樹木之間，總是處於競爭狀態，同時它們還演化出不同的生存策略。一九九七年我在寫作《我森林中的樹》（*The Trees in My Forest*）一書時，離我種下那些美國栗樹已過了十三年；但我甚至沒有把美國栗樹列入書裡所有樹種的名單之中。原因很簡單，當時我想都不敢想那些栗樹會存活下來。如今它們已茁壯長成並開始繁衍後代，因此我可以觀察其歷程，其中不只是關於生存，還包括散播、生長以及競爭的機制；這些特性在人造林地是難以見到的。

環繞在那四棵最早種下的栗樹四周的森林，其遮蓋天際的樹木在數量及種類上都差別極大。其中有些樹每年可長六十公分，有些只會長個五公分，還有一些生長在針葉樹下方、長年處於陰暗之地的樹則完全不會長大。不過所有的栗樹樹苗在頭一年都長了十五公分左右，那是由其親樹提供在種子裡的能量儲藏所造成的。在消耗完儲存的能量後，它們就需要來自陽光照射的能量輸入。

森林地面散落著樹木的種子，以單一棵樺樹來說，它在一年內就可能釋放出數以百萬計的種子（一如我之前的計算，一棵樹可產生多少毬果，一顆毬果裡又帶有多少粒種子），一生的釋放量則以億計。只要落在有陽光照得到的空地上，就可能長出如苔蘚般的一片幼苗，每棵幼苗則活不過一年。但在完全陰暗的針葉樹林中，通常什麼幼苗也長不出來。除了美國栗樹外，其餘樹種連發芽都不會。在完全陰暗處看到有樹生長，讓人有些吃驚，但想到栗樹投資了資源讓種子能有個開始，或許也就不讓人訝異了。真正讓人訝異的是，栗樹會持續投資，連續幾年都會長出新葉。也就是說，栗樹幼苗對陰暗地點的容忍度出奇地高，耐心等待著生長的機會，例如身旁遮蔭的大樹被移除了，陽光得以照到地面。成熟美國栗樹的韌性也與其幼苗相當，但又有些不同。與森林中許多其他的樹種相比，一棵快速生長的栗樹樹枝對陰暗的容忍度出奇地差。森林中栗樹的近親山毛櫸（其葉片的形狀與栗樹幾乎完全一樣）會朝四面八方長出側枝，即便有樹蔭遮擋，它們還是會向外生長，好似向側面尋找陽光。栗樹並不會做這種事，被遮擋樹枝的葉片若不再能收集能源，也就不再會受到母樹的支持，於是它們會被捨棄而斷落。斷落的樹枝會死去、腐朽以及分解。因此，栗樹會除去不良的投資，而不斷向上方生長，也就是朝向有最多光線的所在。（栗樹同時也會朝側面生長，好比那些長在我地界邊上或裡面的栗樹。）

這種由天然修枝造成的非凡結果之一，是位於緬因州婁維爾鎮的一棵美國栗樹。該樹受到新聞媒體（包括美國公共電台）的廣泛宣傳，說是「緬因州最高的美國栗樹」。該樹高達三十五公尺，是我種的栗樹裡最高一棵的三倍高。二〇一五年十二月初，我和琳開車過去看這棵想像中的巨樹。要不是有位嚮導帶著我們，我倆從它旁邊走過都不會多看它一眼。就樹圍來說，它與我種的那些栗樹相仿；但它長得既高且直，所有現存的枝葉都集中在樹頂可以接收陽光的位置，旁邊伴隨著與它一樣高的白松。它隨著這些白松一起長大，同時還繼續生長。它會長成這種形狀，是可以理解的：一百年前，這塊地可能播下了白松的種子，也連同這棵栗樹種子。白松長得快，因此這些樹在為了取得陽光直射的競爭下，大家一路並駕齊驅地長大。栗樹的頂部一直是最有生產力的部分，位於下方的側枝則一再遭到捨棄斷落的命運。

美國栗樹可被視為不耐陰暗的樹種，但這種不耐性卻讓它在一些生長好手的白松林中贏得一席之地。一開始，這棵栗樹的側枝有助於它的存活，但其又直又窄的向上生長，讓它在競爭光照的比賽中成為勝利者之一。

04 當樹枝彎下腰來

When the Bough Bends

《自然史》（*Natural History*）一九九六年二月號

在緬因州，正月的融雪並不都是受人歡迎的事；如果融雪伴隨著下雨，森林裡和道路上很快就會被冰層給覆蓋，這時人們都躲在家裡不願出門。我們會等到下雨再度變成下雪後才行動，這種事經常發生。一九九五年一月二十二日的一場冰風暴絕對算不上嚴重，但我認為特別讓人討厭。當天晚上，冰雨在我研究渡鴉所用的鳥舍鐵絲網上，結成了厚厚一層冰殼，導致它過重而倒塌。次日清晨，所有樹上都吊掛著水晶般的冰柱。該景色美則美矣，只不過我木屋旁心愛的白樺樹有好些樹枝都因為冰的重量而折斷，無力地懸掛在那裡。一棵十五公分寬的灰樺樹整個被壓彎身來，樹梢都碰到了地面。

不過更讓人訝異的，可能是我地裡的樹大部分都完好無缺；與我那用木頭和鐵絲臨時搭建的鳥舍不同，整個森林都屹立不搖。我仔細查看了這些結了冰的樹木，發現這些樹可是由演化形塑而成的超級設計範例。任何較差的樹種都已經被此地的氣候給清除乾淨，不復存在於這片土地之上。

即便如此，偶爾還是有些樹會遭受傷害，這回的冰風暴就夠嚴重，使得樹木某些設計較弱的部分顯現出來，同時突出了強有力的部分。我想起十年前的一場冰風暴過後，某座成熟的闊葉樹林地面堆了一大團糾結在一起的斷落殘枝。灰樺樹的樹枝折斷了，樹梢彎到了地面。白樺樹的樹幹較強壯，但它的大號側枝也折斷了。不過我從沒看過冷杉或雲杉的樹枝被折斷，尤有甚者，這些樹在暴風雨中始終屹立不搖。在最近這回的暴風雨中，靠近我住的木屋附近，只有相對較大的白樺和灰樺樹受到了影響，餘如紅楓及糖楓、美國白蠟樹、山毛櫸、黃樺（都是比較年輕的樹）等，看來絲毫沒有受到傷害。

過了幾天後，我在附近的闊葉林中閒逛，發現了更多的破壞。許多成熟結實的橡樹、山毛櫸、楓樹、白樺，以及粗幹的黃樺樹都傾倒在地，同時地面上散落著這些樹木斷落的樹枝，包括大型松樹的粗枝在內。雖然大多數樹木在這場風暴中看來「運轉」正常，但這些受損的樹還是提醒了我，不能把樹的抗壓設計視為理所當然。

我對於樹木的抗壓機制感到好奇：在諸多變數中，樹枝上結冰的數量是最首要的。單純用眼睛來看，樺樹樹枝要比其他的闊葉樹接收了更多的冰，於是我著手檢驗看看事實是否如此。我用灌木切除機從五種不同的年輕闊葉樹（其中包括白樺）各剪下五根九十到一百二十公分長的樹枝，並小心不把上頭的冰給敲落。我用一根彈簧秤（漁夫用來秤捕獲魚隻的那種）把二十五根樹枝一一秤重，然後把它們放在木屋的地上。到了黃昏時分，樹枝上的冰都融化了，木屋地上都是水，於是我把這些樹枝的重量又再秤了一遍。

如我所料，樺樹的樹枝要比其他樹種的樹枝累積了更多的冰，而且是顯著地多：平均來說，帶了冰的樺樹樹枝重量是不帶冰的八倍；美國白蠟樹的帶冰量與樹枝重量之比是最小的，糖楓、紅楓及蘋果樹枝的比值則介於中間。

白蠟樹的樹枝擁有最少的分支，這可部分解釋為什麼它們累積了最少量的冰。至於累積了較多冰的白樺，擁有繁茂以及更多分支的樹枝。還有，當樺樹細枝上結了少量的冰時，它們會向外垂，也就是朝樹幹的相反方向。表面張力會延長水珠停留在細枝的時間，使得水從樹枝上滑落的速度變慢，讓一層薄冰有時間形成。反之，像蘋果樹的樹枝相對較硬，且與地面平行，因此不會累積多少冰，因為落在樹枝上的水滴直接就掉落地面。

在此，樹的整體結構也是重要的。白蠟樹、楓樹和白楊樹（特別是年輕的樹）的形狀大抵類似枝狀燭台。就結冰來說，它們大部分以垂直方向分布的樹枝有兩個作用：首先，愈多垂直向上的樹枝，接收落下雨水的表面就愈小，它們能截住的水分也愈少；這一點，從美國白蠟樹垂直向上的樹枝可以看出。其次，這些樹枝攔截到的水會朝樹幹的方向流（而不是像灰樺樹那樣朝外流），由此造成的結冰對樹的傷害性最小。大多數年輕的楓樹、白蠟樹及白楊樹的樹幹上都包覆了一層厚冰；這些樹幹上的冰不像累積在側枝（好比灰樺樹的）上的冰，還可能讓樹幹變得更強硬，而非變弱。在這場冰風暴過後，那些形狀長得像枝狀燭台的樹木，都沒有出現任何冰害的跡象，之後它們的樹枝上也沒有累積多少的雪。這或許能解釋為什麼那些擁有大片向外延伸樹冠的成年大樹，要比這些較為細小、也更堅挺的年輕樹木，受到更多斷枝之害。

生活在北方的樹種其樹枝的設計，部分可能是為了減少冰雪負重的天擇壓力所形塑，但樹木超級結構的最重要功能，將讓葉片擺放的位置可以捕捉陽光。對樹的生命來說樹葉是必要的，但樹葉也可能造成樹的死亡。因此，樹葉的擺放位置代表著收益與成本妥協之後的結果。要是不把妥協加入考量的話，對於有些樹木會演化出特別的酵素，在樹葉長出後三到四個月就加快樹葉的死亡，並從樹上脫落，可能會與直覺相悖。落葉提供了好些不同功能，首先，它讓樹在乾燥或沙漠環境中保存水分；此外落葉的習慣也可以看成是讓楓樹或樺樹挺過緬因州冬天的特別解決之道。像拉不拉多茶、小石楠和矮冬青等這些長在極北地區地面的灌木，整個冬季葉子也不掉落，顯示冬天和樹葉並非不相容的兩件事，只不過高大的溫帶樹木需要一道對抗冰與雪的防線。例如去年冬天的紐約市，冰與雪把用於裝飾的冬青樹樹枝給折斷了；這種冬青樹原生於偏南方地區，是擁有闊葉的常綠樹。在緬因州有兩種原生於北方的落葉冬青：加拿大冬青和山冬青，就不受冰與雪的傷害。

大多數針葉樹是讓人驚奇的妥協產物。針葉樹在冬天大多保留其針狀樹葉，它們的葉片通常都直挺、堅硬，且如針尖。比起闊葉來，針葉累積的冰要更少。針葉樹既能在冬季保留其葉片，又能去除冰與雪的堆積，這種雙重功能要拜其整體形狀及樹枝強度之賜。我從兒時起就是個爬樹成癖者，我想我有資格對樹枝的強度發表意見。隨我爬上三十公尺高紅雲杉的新手，看我一手抓住一根兩公分半粗細的雲杉細枝懸吊半空，或是在樹枝上跳來跳去，都會驚駭莫名；但要是跳向一棵相等粗細的白松樹枝，可是自殺的行為。這種北方松樹在秋天只會掉落一部分的葉子，其樹枝的強度雖然不夠，但它通常以樹枝的寬度彌補。相比之下，美洲落葉松樹枝的強度更差，程度可是百分之百的危險。如果落葉松的樹枝上累積了如同雲杉和冷杉一樣多的冰與雪，那它們一定會從樹上斷落。當然，這種事幾乎不會發生，因為落葉松是北方針葉樹裡唯一的完全落葉樹：它們所有的針葉到冬天都掉光了。

保護雲杉和冷杉（松樹也有一部分）的主要設計特徵，就是我們鍾愛的聖誕樹特徵：圓錐形。每年春天，這些樹會從頂部發出一根垂直向上的幼枝。在此同時，一輪包括三到六根的分枝向外水平生長；原本存在的較低層樹枝，也會繼續的朝外側生長。這些一層層雨傘狀的樹枝，每一層都比上面一層大一些，其層數就對應了樹的年齡。

針葉樹確實也會累積冰與雪，水在這些樹上的流向也是朝外側，與枝狀燭台狀年輕闊葉樹的朝內流不同。但這裡又有一種新的設計觀點展開運作，挽救了這些樹免於折斷：由於這些水平方向生長的側枝既富有彈性，又很堅韌，它們在冰雪的負重下不會斷裂，而是下彎。當這些樹枝往下垂時，它們承擔重負的方式不是把身上的重量向上抬起（好比人把一包水泥頂在頭上），而是被動地被拉低；也就是說，它們靠抗拉強度來支撐重負。因此，針葉樹樹枝的縱向載重不是負債，而是資產。當針葉樹塞滿了冰與雪時，位於上層的樹枝輪會向下壓，受到下層樹枝的支撐，直到產生出一個穩定的圓錐形，或印地安人的帳篷形結構。

積了冰雪負重的樹梢朝樹幹方向向內壓，針葉樹的樹枝看起來就像收起的雨傘，攔截落下雨雪的面積也變小。這是生長在緬因州的樹木最合適的特徵：樹上積載的雪愈多，往下滑落的量也愈多，一如雪從我木屋陡峭的屋頂，或是印地安人的帳篷邊上滑落。總的來說，針葉樹的設計與美國白蠟樹的設計正好相反：白蠟樹僅擁有少量的樹枝，卻長出巨大、可掉落的複葉，就如同長了許多葉子的繁茂樹枝。

詩人佛洛斯特（Robert Frost）對美國新英格蘭地區冬季的森林美景並不陌生。在那個給樹枝秤重的冬天，特別是沾滿了冰的樺樹枝，我想起了他的一首詩〈樺樹〉，詩中他想像著有個男孩在這些樹上懸盪（我孩童時也經常這麼做），寫了如下詩句：

由懸盪造成的樹枝彎曲只是暫時的

不像冰風暴造成的那樣……

05 噢、聖誕樹

O Tannenbaum

《自然史》（*Natural History*）二〇〇一年十二月號—二〇〇二年一月號

聖誕佳節除了宗教的重要性外，對住在緯度偏北地區的我們來說，還提供了一個較為世俗、且更傳統的慶祝理由。我們再一次熬過了一年當中最長的夜晚，之後從冬至一路往下到春天，都可期待愈來愈長的白晝時間。為了紀念這個事件，住在北歐及北美的人習慣於此時走入森林，砍下一棵年輕的常青樹，帶回家中。

對於住在新英格蘭的我和家人來說，聖誕假日並不是從聖誕夜才開始的。之前我們就會到附近樹木長得茂盛的森林裡，砍下一棵兩到三公尺高的雲杉或膠冷杉，抬著或拽著回家。通常我們會選擇沒有為了爭取陽光、而長得過高及過細的樹。我們偏愛底部寬大、圓錐形對稱，以及每層輪狀樹枝都長得飽滿的樹。雖然樹的枝葉都還新鮮存活，但我們會以彩色的玻璃球、金線、取自落葉冬青的紅色漿果、雲杉及冷杉的毬果，以及模擬雪的棉花裝飾其上。樹的細長側枝因為裝飾品的重量而稍微下垂，一如它們在林中承載冰雪負重時的彎下，但不致斷裂。樹的頂端則擺上一顆星星。

我們喜歡到林子裡挑選野樹，其樂趣一點也不比裝飾樹來得少。但對大多數人來說，一家人走進森林尋找一棵合適的聖誕樹，已是愈來愈難以辦到的事。雖然住在城市以及郊區的人還是可以到供應商那裡挑選及購買聖誕樹，當作每年的傳統，但我想這種做法會讓我們忘記一棵常青樹的真正長相。由農場栽植的聖誕樹可以用剪刀或電鋸修剪成任何想要的形狀。諷刺的是，在店裡賣得最好的聖誕樹（通常都不是生長在森林中），不是我們認為在野外生長的聖誕樹應該有的樣子。也就是說，這些經過修剪的樹，目的在改進自然。對我來說，那就像是給玫瑰花塗上紅色顏料。

如果我們知道針葉樹的形狀是怎麼自然形成的，那我們一眼就能看出沒有經過改造的針葉樹。針葉樹的造形始於頂部。從夏末之前開始，一路經過秋季和冬季，每一棵冷杉、雲杉或松樹的頂部會長出一根形如鉛筆的垂直細枝，上頭帶有一簇新芽。這根細枝是「領導者」，最終會變成這棵樹樹幹上代表著一年的生長段（位於年輕領導者下方的樹幹，是由一系列之前每年的領導者組成）。任何新芽，或是由新芽長出的細枝，都有成為領導者的潛力，但通常只有位於最中間的新芽，才會變成領導者；其他位於同一頂端邊上的新芽，將會長成為一輪水平生長的側枝。至於這些決定是如何定下的，屬於一種生理的制衡，其中牽涉到一整批植物激素的互動，隨著樹木在森林裡的位置以及資源

（例如光線）而反應。

領導者會釋放出生長素這類激素，與另外一類稱為吉貝素的激素共同作用，以促進其增長，同時還抑制了附近新芽與細枝的生長。這種將資源轉給領導者的做法，稱為頂芽優勢（apical dominance）。要是沒有這種機制，常青樹將會朝各個方向生長。在陰暗的樹林裡，每棵幼樹都要與數以千計的其他幼苗競爭，如果是雜亂無章地生長，注定是自殺的行為；因為旁邊以圓錐形以及相對垂直向上生長的樹木，將奪走它的光源。在此競爭中，任何一棵想要存活的針葉樹（其存活率很小），唯一的方式就是來到頂端狹窄的位置，至於向外側方向的伸展則是次要的。樹的優先考量是把能量分配給領導者，如此一來，這棵樹在與其他樹木爭相攻頂的競賽中，才可能勝出。

不過領導者的位置也不是不可改變的，改變經常發生，主因是鹿或麋鹿咬斷了幼樹多汁的頂部（在冬季我還看過紅松鼠專門挑領導者新芽為食，可能因為那是最大的新芽），或是被暴風雨及斷落的樹枝折斷。在這種情況，我們可能認為這棵樹會朝各個方向胡亂生長，但某個補救機制會介入。

如果有棵樹失去了領導者，導致側枝的生長不受抑制時，其頂部的新芽群會有好幾個開始向上方生長，並展開競爭，直到其中一個變成新的領導者。這是個緩慢的過程，需時數年才得以完成。最終，當其中一個競爭者取得了些許先機，它將比其他新枝產生更多的生長素。這些生長素會累積在細枝的下方，使得該處的細胞變長。這根受到青睞的細枝將朝垂直向上的方向彎曲，擔起領導者的角色。如此一來，針葉樹恢復了對稱，它可以重新開始朝向天際伸展，與鄰近的常青樹競爭。

在店裡販售的聖誕樹一開始也是如同所有其他的針葉樹一般生長，但其帶有領導者及其他側枝的頂部會被剪去。這種修剪會除去對下方的新芽及細枝生長的抑制，於是這種樹會把更多的能量用於向外生長，而不是向上生長，導致這種樹的枝葉變得更茂密。由於這種樹的天然分枝形態受到了干擾，因此從嚴格意義來說，已經不屬於野生種。對於我這個非教徒的純粹主義者來說，這麼做糟蹋了樹的意義。常青樹原本是原始森林的象徵，如今則被馴化成了灌木。

我們把常青樹當作自然世界的代表帶進了客廳，如今它卻為了符合人們的期待而遭到改變。對此我應該放在心上嗎？可能不會。但我們會變得更喜歡、甚至堅持擁有一棵形狀「完美」的馴化常青樹，而這種樹在自然界是絕對看不到的。這不免讓我尋思：由於我們對針葉樹如何生長的無知，導致我們對聖誕樹做了那些事，那麼我們還做了多少由於不關心或不知道，而肆意改變了自然的舉動？

第二部

昆蟲

INSECTS

06 讀取樹葉
Reading Tree Leaves

《自然史》（*Natural History*）二〇一六年十二月號—二〇一七年一月號

在通往我木屋的道路旁，我種了一棵山核桃樹幼苗，在這棵樹的葉片上，我發現了一條加拿大虎紋鳳蝶（*Papilio canadensis*）的毛蟲。這隻毛蟲通體發綠，在綠色的葉片上通常不容易一眼看出；但當時已是八月中，葉片開始變黃並帶有一絲橘色，因此鮮綠色的毛蟲就明顯可見了。

由於我每天進出都會看到這條毛蟲，於是變得熟悉起來。讓我奇怪的是，我發現牠總是以同樣的姿勢待在同一張葉片上的同一個地點；但牠看起來又每天都在長大。這樣的情況持續了一週。我好奇地想：牠是否是在晚上進食啊？為了找出答案，我在近午夜時分出去查看。在我手電筒的燈光下，牠仍像白天一樣待在原來的地方。當然這一點證明不了什麼，因為一天晚上的一次檢查，與大白天看到的幾十次無法相比。因此我在那個沒有月亮的晚上，又出去查看了一次。結果發現牠沿著葉柄爬行，直接朝向

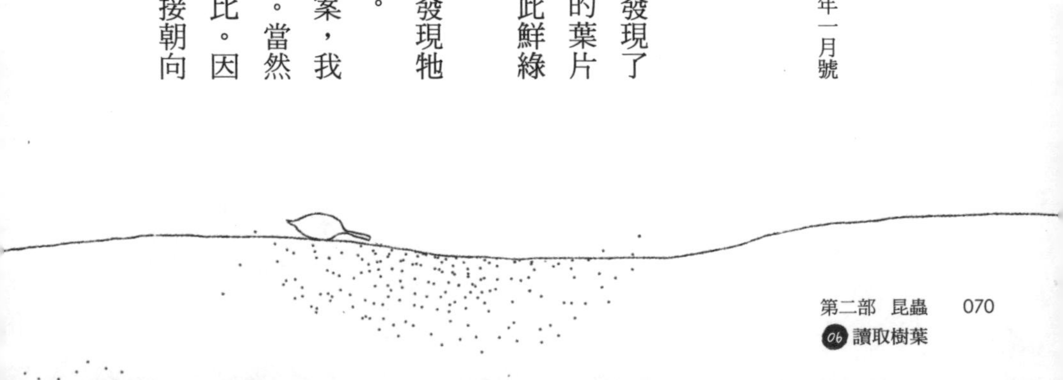

一片有三十公分長的複葉末端爬去，從複葉最末端一片樹葉的頂端吃起，那片葉子已有先前吃過的痕跡。牠吃了五分鐘後，就轉身以更急促的方式爬回牠之前位於遠處葉片的休息位置。接著，牠把身體轉向來時的方向，排出一小粒黑色糞便，之後就一動也不動了。

顯然，這隻毛蟲是在晚上進食遠處的葉片，然後返回同一葉片的同一位置，待上一整個白天。但牠為什麼在晚上進食呢？是為了躲避像鳥這樣的掠食者，在白天會偵測到牠的移動？正常情況下，牠綠色的身體停在綠色的背景，可以支持躲避掠食者的說法，如果移動了就可能暴露給掠食者。單一次的觀察結果顯示牠在夜間進食，但白天有幾十次都看到牠在同一位置，並不能證明牠不會也在白天進食。如果牠總是隔一大段時間才進行短暫的進食，那我可能要很幸運才能看到牠進食，不論是在白天還是晚上。我的好奇心被引起了，決定以更有系統的方法，連續幾天時間來檢視這條毛蟲的行為。謎題終於揭曉。

不論白天還是晚上，大約每三個小時，這隻毛蟲就從牠固定的葉片棲息地出發，前往其他葉片並以之為食。牠出行的時間單程約兩分鐘，然後花五分鐘左右進食，之後就迅速回到原棲息葉片。牠這種作息時間，在十三個小時的白天內，我想看到牠外出覓食的機會，只有約二十五分之一。奇怪的是，通常牠會連續爬好幾次前往同一葉片進食，不免讓我好奇：牠為什麼不就直接待在那裡？為什麼要冒著因移動而暴露自己的風險離開？為什麼要回到同樣的地方？那塊地方有什麼特別？

在每次的覓食之旅結束、回到原來的地方時，這隻毛蟲會在葉片尖端轉過身來，讓自己面向下一次出發進食的方向。牠轉身並擺出休息的姿勢只需幾秒鐘，但是在一次外出覓食過後，我看到牠花了四十分鐘在牠休息的葉片上、來來回回地搖擺著拉長的身體，然後再轉動身體兩圈，才回到牠一貫的休息姿態。在這段搖擺的時間內，牠的整個頭部似乎在葉片表面刷來刷去，我猜想牠是把葉片塗上一層絲，但我以肉眼看不到任何絲線。不過我拍了照，相片顯示葉片上閃爍著細絲的光芒，證實了我的猜測。有些毛蟲，像天幕毛蟲和美國白蛾，會築起公共的絲網做為庇護所，提供安全及保暖。但這條毛蟲並不是在織網，而是在葉片上塗了一層幾乎不可見的覆蓋。虎紋鳳蝶棲息在一層幾乎看不見的薄絲上，除了從棲息地前往進食地的旅程外，這層絲也使得牠可能更容易被看見。

不論這層絲墊對毛蟲有什麼作用，那必定是有些好處，否則造絲的生理、將絲塗到葉片的行為，以及來回的跋涉，就不會演化生成。這是個讓人困惑，卻又獨特的行為，讓我回想起許久以前關於毛蟲魅力的美好回憶，這份回憶可能提供一些認識。

我曾經捕捉並飼養過毛蟲，其中有些因為希罕以及特別的外觀，讓我一一記憶猶

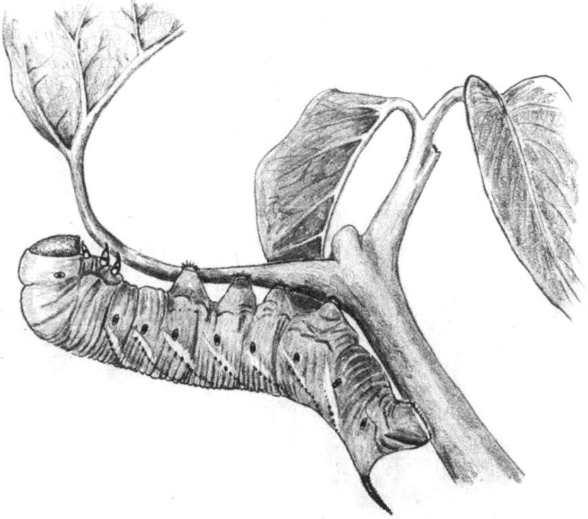

■菸草天蛾的毛蟲素描，我是在加州莫哈維沙漠裡發現的，牠正在以曼陀羅葉為食。

新，但牠們都沒有做過造絲這種事。我記得孩童時在緬因州農場田野裡的低矮樹叢上，發現過一條愛歐天蠶蛾（Io moth）毛蟲，綠色的身體，體側帶有紅色的條紋；同時還在一棵榆樹上發現兩條（一棕一綠）四角天蛾毛蟲。大多數時候，我發現的是普通的長尾水青蛾、北美大天蠶蛾，還有各種天蛾、夜蛾、舟蛾以及各式各樣蝴蝶的幼蟲，包括虎紋鳳蝶的在內。我找到並飼養的一些毛蟲，都是外形美觀且無須特別照顧的，並在未來會提供我神奇的獎品。

我在加州大學洛杉磯分校修讀博士學位時，只飼養了一種毛蟲：菸草天蛾，牠們對美國南方菸草種植者來說是害蟲，各地的番茄種植者也痛恨牠們。由於在緬因州的自家菜圃裡見過牠們，因此當我在加州莫哈維沙漠發現牠們時，感到十分興奮。牠們在沙漠裡以一種原生的曼陀羅屬植物為食，該植物以致命毒性出名，也是一種強力的致幻劑。顯然菸草天蛾毛蟲攻破了該植物的生化防禦。我經常在同一株低矮的曼陀羅植物上發現好幾條菸草天蛾毛蟲，每條都有一隻山雀那麼重（譯注：約十公克），而那棵植物一開始也沒有非常多的綠葉可供食用。沙漠中的曼陀羅花分散很廣，彼此之間相距可有幾百公尺距離，這使得一條毛蟲在吃完一株植物的所有葉片後，不大可能穿越炎熱的沙地去找到下一棵植物。

那這些毛蟲在乾燥炎熱以及日曬的沙漠中，是如何避免脫水，且保持身軀的圓滾厚實？當時我剛開始研究生生涯，急需論文研究題材，因此我花了一年時間致力於找出這些毛蟲保存水分的生理機制，並希望那是個全新的科學發現。即便我手上有個微量天平，可在不同氣溫及溼度下，隨時測量這些毛蟲的重量變化，並記錄在移動的條狀紀錄紙上，但我卻沒有什麼突破性的發現。不過當牠們開始移動時，水分的流失就開始急遽上升；還有在大熱天下，把牠們挪離了棲息秤重的葉片時，牠們就會不斷移動，因此在不能把植物的脫水量排除的情況下，我無從得知牠們棲息在進食葉片的正常行為下的脫水量。再來，相對溼度也很難控制，加上牠們又經常排便，我無法得到我想要的答案，於是放棄了這個研究計畫。如今回頭來看，毛蟲在沙漠成功存活的祕密可能就明顯擺在那裡：在牠們的行為當中。

這些毛蟲在沙漠中以曼陀羅的樹葉為食，牠們總是躲在樹葉下方，利用樹葉遮蔭。這麼做可免於牠們直接受到陽光照射，也可能降低因熱對流而造成的水分流失。為了更進一步檢視牠們針對葉片形狀來操控葉片的行為，我使用容易生長的菸葉來飼養這些毛蟲，這麼做可讓我提供牠們不同大小和形狀的樹葉。我驚訝地看到，當牠們接觸到不論是大號橢圓形葉片還是細長形葉片的葉柄，牠們都會把整張葉子吃光；通常這些葉片的長度是牠們身長的好幾倍。牠們不需要離開所在位置，也不會浪費或掉落任何部分，同時讓自己身體躲在還沒吃到的葉片下方，把葉片當成保護傘，免於受到陽光的直射。牠們行為的重點很簡單，一面用尾部的鉤子緊緊夾住葉柄，一面用三對前足讓自己身體前端在葉片上向前「走」，並在抵達葉片的最遠端（也就是葉尖）時，才開始進食。牠會把葉子一路從遠端往後吃，直到牠所附著的葉片基部。葉片不但是這些毛蟲的唯一水源，同時牠們吃起來還很謹慎小心，利用葉片來遮陽，保護牠們不至於脫水變乾[2]。

我把毛蟲進食行為的技巧發表在頂尖期刊《動物行為》（*Animal Behaviour*），是

原注　2　在任何時候，某個計畫可能看起來像失敗。我花了兩年時間才發現，我不能分辨在炎熱乾燥的沙漠環境中，菸草天蛾的幼蟲是為了維持水分平衡而進食，還是為了生長。這又引出了別的問題，這回我研究的是從這些毛蟲生出的天蛾，最終給我帶來了有關昆蟲溫度調節的突破性論文。這部分請見下文：〈熱血與冷血蛾類〉。

我發表有關動物行為的頭一篇文章。但真正的獎賞卻來自附帶的產品：由這些毛蟲所生出的飛蛾，讓我發現了一種讓某些其他昆蟲調節其體溫的全新生理機制。該發現給我帶來了極大的興奮，許多扇門因此為我打開，好多年來我都沒再想起這些毛蟲。

毛蟲如何吃樹葉的故事，以及那對牠們生命的意義，被另一個偶然觀察到的樹葉事件給重新喚醒了。那發生在明尼蘇達州伊塔斯卡郡的明尼蘇達大學實驗站，我在那裡碰巧經過一棵菩提樹下，該樹樹枝伸過一條打掃過的人行道上方，我在地上看到幾張新鮮的綠色葉片。當時是七月，之前並沒有過暴風雨；不管怎樣，綠葉不會無緣無故地從樹上掉落。我檢查了這些掉落的葉片，看到每張葉片的一側都有個半月形的缺口，留下平滑，而非鋸齒狀的邊緣。在更仔細檢視下，我發現大多數葉片的葉柄也都不見了，這點更讓人訝異。葉子幾乎從來不會因為葉柄折斷而掉落，因為葉柄是葉子纖維最多的地方。間接的證據也很明顯：一開始有條毛蟲吃了葉片，然後將沒吃完的葉片拋棄。接著我在樹上找到了那條毛蟲，是一條裳蛾的毛蟲。我看著牠吃一片樹葉並照了相，之後見牠向後倒退，再把木質的粗葉柄給咬斷，才爬向藏匿的位置，在一根樹枝上偽裝起來。等到休息及消化完畢，牠又在另一張葉片重複著同樣的進食行為。

之前許久我都沒注意到的事，如今則一再出現眼前：在穿越落葉森林的任何一條乾淨道路上，都可以看到類似上述被毛蟲給咬斷的落葉；至於樹與毛蟲的種類很多，包括許多種的天蛾，但菸草天蛾除外。

在一棵樹上進食的毛蟲，與在沙漠裡以曼陀羅為食的菸草天蛾不同，牠們不會在乎浪費食物，也不會為此付出代價，因為附近總是會有另一張葉片可供食用。問題是木質的葉柄並沒有什麼營養，將其咬斷要花費的時間與力氣不小，牠們為什麼要這麼做呢？因為那可能救牠們一命。以鳥進行的實驗以及觀察顯示，一如我捕捉毛蟲的經驗，我們會從受損的葉片來發現毛蟲，否則這些毛蟲幾乎是隱形的，因為牠們具有超強模擬不可食物件的能力，例如樹皮、樹枝，甚至葉片的部分。反之，在毛蟲與鳥的軍備競賽中，鳥類也演化出反制的策略。在實驗室和田野環境中的冠藍鴉和山雀都顯示，牠們不但能學會將食物與毛蟲進食造成的葉片損壞產生聯繫[3]，同時還能分辨由可食及不可食毛蟲造成的葉片損壞。另外還有個替代假說：毛蟲把進食過並帶有自身氣味的葉片給去除，

原注 3 單純就行為的比較，把好吃與難吃的食客假說給排除在外。我想找出證據，證明這是天擇影響進食行為的一種動力。多年以後，柯林斯（Scott Collins）和我在我緬因州木屋的一座大型鳥舍中，展開了一項研究，證明了這點。我們使用的是野外抓到的山雀（*Parus atricapillus*），以及小型的落葉樹，其中有些帶有受損的葉片，有些沒有。我們發現如果之前山雀在有類似傷痕葉片的樹上找到過食物的話，牠們就會選擇樹葉有傷痕的樹尋找食物。後來我們與其他研究人員合作，發現冠藍鴉能從投射在銀幕上的影像中，分辨出被毛蟲吃過及沒有吃過的葉片。此外，牠們還能分辨那是由可食或不可食的毛蟲吃過的葉片。

■在停棲位置的虎紋鳳蝶毛蟲。牠通常在距離停棲位置有些距離處進食。圖右的近距離圖並非其頭部，而是其身體前段，模擬了蛇頭的形狀。

是為了避免吸引靠牠們為食的生物。對鳥來說，難吃的毛蟲就不需要掩飾牠們進食對葉片造成的傷害；反之，這些帶有毛髮、刺棘，以及鮮明顏色的醒目毛蟲，移動迅速、並不躲藏，且在白晝肆意進食，不怕留下樹葉碎片。對這類毛蟲來說，消除進食的證據可能會、也可能不會帶來什麼好處，但其好處並沒有超過所花費的力氣，因此不具有強力的演化壓力。

我在緬因州木屋所觀察到的虎紋鳳蝶毛蟲是在樹上進食，一般是黑櫻桃樹、白楊樹、樺樹和蘋果樹。牠們與吃草本植物的菸草天蛾不同，可以將樹葉從樹上咬斷，而不至於遭受食物損失之苦。即便如此，牠們還是同其他毛蟲一樣，需要解決遭到掠食的問題。我觀察的那條毛蟲，其行為透露了一絲線索。不論由風吹造成葉片出現怎樣的搖擺，都不會對牠的進食造成一丁點的干擾。雖然牠對我的在場（無論什麼位置）沒有反應，但只要我碰觸牠所在的樹枝，就會馬上弓起身來，轉成防禦姿態。這樣的差別反應，可讓牠偵測到有鳥或其他掠食性昆蟲停靠在牠附近樹枝，造成了不同於風吹的移動。

毛蟲對掠食威脅的反應有許多種，包括移動的形式及外觀的改變，虎紋鳳蝶毛蟲也有各種不同的策略。當牠們還非常小時，身體是白色帶灰斑，與鳥糞非常相似。在牠們第三次蛻皮後，通體發出綠色光澤。牠們有個球狀的前端，上頭帶有一對顯著的裝飾，看起來就像眼睛。牠們在遇見輕度警報時，會把頭縮進前端，模擬成一條綠蛇的頭。那一對假眼更形增進了模擬的效果。

這種蛇的圖像所造成的效用，在其他毛蟲（包括天蛾）的形態與支持行為上，都能找到代表。這種展示隨起源不同，而各有不同：偽裝的蛇頭可以位於毛蟲的前端或後端；因此，這種冒牌蛇可能有好幾個演化的起源。虎紋鳳蝶的幼蟲，其假蛇反應還有加強版，就是會擠壓出分叉、淺色的肉質突起，類似蛇的分叉舌頭；這個可能是虎紋鳳蝶幼蟲所獨有的選項。

這種稱作叉狀臭角（osmeteria）的外翻分叉「彈舌」，不僅對怕蛇的鳥類具有視覺的效用，造成心理上的威懾，該構造同時還帶有可能針對其他掠食者的化學性防禦。毛蟲是許多昆蟲寄生蟲及掠食者的頭號獵物，對後者來說，化學防禦是有效的。叉狀臭角在往外翻出時，會釋放出一種化學戰劑（chemical arsenal），類似女巫調製、帶有臭味且有毒的氣體。已知其中攜帶了一長串的化學物質，像是單萜烯烴、倍半萜化合物及脂族酸與酯類等；這些化學物質會驅逐螞蟻、蜘蛛和螳螂，也會讓人難受。我猜測抓了一條這種毛蟲的冠藍鴉或綠鵙，將迅速地把牠類似蛇的外觀與化學刺激物的真正威脅，聯想在一起。

雖然虎紋鳳蝶毛蟲以樹葉為食，但牠並不會除去或降低由於進食造成的葉片傷害痕跡。因此，在不進食時，虎紋鳳蝶毛蟲會退回到牠的絲墊上，似乎不大可能是為了讓自己遠離進食的痕跡。生長在北方的虎紋鳳蝶毛蟲會棲息在陽光照射的葉片上，可同時加強日光的加熱及減少對流的降溫，使得牠們能維持較高的體溫，可加速消化以及生長速率。很少毛蟲能做到這一點，因為一般毛蟲（包括虎紋鳳蝶毛蟲）進食的樹葉，好比櫻桃樹、白蠟樹和樺樹的樹葉，都有光滑及堅硬的表面。想要停留在葉面上，大多數毛蟲都必須夾緊葉柄或葉緣。或許虎紋鳳蝶毛蟲的絲墊提供了牠們在葉片上堅強立足的方法，可讓牠們在暴風雨中也不會從樹上脫落。當然，我不知道事實是否如此，因為這點還沒有經過驗證。但我相信毛蟲的產絲不會是沒有任何功能的隨機產物。我們可能不見得知道老虎身上的斑紋是怎麼來的，但我們可以試著找出這些斑紋對老虎有什麼好處。

01 熱血和冷血蛾類
Hot- and Cold-Blooded Moths

《自然史》（*Natural History*）二〇一五年十月號
原題為〈錯誤假設：程（溫）度問題〉

牠看來像隻小號的蜂鳥，實際上是涅索斯[4]天蛾（Nessus sphinx moth），屬於生活在北美的四十五種天蛾當中的一員。牠最吸引我注目的，是黑色腹部上有兩條如胡蜂般的鮮黃色條紋，與精緻的巧克力色和淺紅褐色圖案輝映。涅索斯天蛾在過了毛蟲期後仍繼續進食，與某些（但非全部）天蛾相同。牠趨同演化出不尋常地類似蜂鳥的身形，不過在緬因州西部我木屋附近看到的這隻，也可以說是外型參雜了胡蜂的特色。涅索斯天蛾與蜂鳥相似之處，不只是擁有類似鳥類的短胖身軀比例以及類似螺旋槳的翅膀，牠在腹部尖端還擁有類似鳥類的短尾。此外牠和其他天蛾不同，活躍於白晝時分。這種天蛾

譯注

4 涅索斯是希臘神話中的半人馬

最讓人吃驚的特徵，是牠的「舌頭」。

蜂鳥演化出長形堅硬的鳥喙，是為了能吸到長形管狀花的花蜜。一如其他鳥類的喙，蜂鳥的喙是由上下顎（或上下頜骨）形成的。飛蛾身上與鳥喙相當的構造稱作口器，是由一對上頜轉化生成；在大多數昆蟲中，這對上頜是嘴部在啃咬咀嚼時，側向移動的部分。但蛾類與蜜蜂和蜂鳥都不同，牠們的兩片上頜當中並沒有舌頭；反之，其兩片上頜固定在一起，形成作用像吸管一樣緊密連接的管子。一些成年後就不再進食的天蛾就缺少這種構造；那些如蜂鳥般吸食花蜜的天蛾，則具有長達身長三倍半的上頜。

這種長形類似舌頭的吸管，讓一些飛蛾能接觸到連蜂鳥都未能吸到的花蜜。很顯然，蜂鳥為了獲得吸取花蜜的好處，而長出三十公分甚至更長的鳥喙，付出的代價也很高昂。對蛾類來說，代價同樣也不會小，只不過蛾的口器還有附加的能力，牠們可以把整個進食用的口器蜷曲起來，縮成一團，收入「下巴頰」裡，直到要用時才於瞬間伸出，並能精準地使用它來定位。這種高度演化生成的機制，是極不可能在蜂鳥身上複製的，因為這兩個分類群都在各自的特化道路上走了很遠的路。選擇性壓力只會作用在已經存在的特徵：牠們各自的特化可以改進，但不會改變成新的設計。這些蛾類會與蜂鳥產生趨同演化，是因為兩者都以花蜜為食，花朵也因應牠們而演化；三者進行了共同演化的軍備競賽已有好長時間了。

一八六二年，達爾文正研究蘭花，他收到了大彗星風蘭的樣本，那是一七九八年於馬達加斯加發現的一種蘭花，他對於這種花擁有非常長的蜜腺管（從花的開口抵達花蜜的管道）印象深刻。他推測，必定有種天蛾給這種蘭花授粉；為此，達爾文還遭到了嘲笑。到了一九〇三年，倫敦特靈博物館（Tring Museum）的自然學者羅斯柴爾德（Lionel Walter Rothschild, Lord Baron）和喬登（Karl Jordan）在馬達加斯加就發現了這種飛蛾，

我繪製的白條天蛾。某個涼爽的夜晚，我在加州安沙波利哥沙漠觀察到牠們採集黑爵床花的花蜜，牠們肌肉的溫度很高。

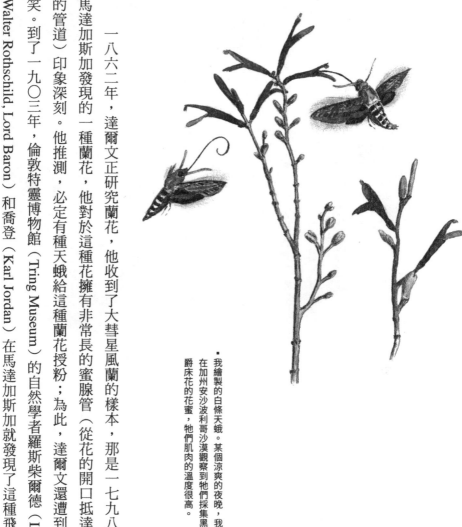

還了達爾文公道。該大型天蛾被命名為馬島長喙天蛾。

達爾文對於是什麼動物給蘭花授粉的洞見，根據的是植物以及天蛾的形態。當時還不清楚，是什麼推動了授粉的潛在能量交換，也就是背後的能量學或生物熱力學。植物演化出投資製造花蜜／糖的需要，來吸引並獎勵授粉者；花蜜／糖是各種動物都喜歡取用的食物，但牠們不一定會幫忙授粉。這麼一來，花蜜的儲量不足，就可能讓潛在的授粉者駐足不前。因此，植物還需要在蜜腺管上投資，讓它長得夠深以排除花蜜竊賊，而把獎勵留給授粉者。

花的蜜腺管變得愈長，對其授粉顧客的排除性也就愈大。對花來說，花冠的形狀、顏色或氣味就像廣告一樣，告訴授粉者花心裡有好吃的糖蜜；要是沒能穩定提供的話，下回授粉者就會忽視這些符號，不再上門。花蜜管愈長，專門保留給授粉者的食物能量就會愈多；有更多隨時可取食的花蜜，也會製造出更依賴能量的授粉者。從另一方面看，更多的能量使得體型更大、舌頭更長的天蛾得以受到天擇青睞，這些特性也會加強牠們停留在空中的時間，以及飛行的距離。也就是說，從能量學的角度，能長距離飛行的飛蛾為分散廣泛的植物授粉，成為可行之道。不過，擁有過長舌頭的天蛾，在競爭短花冠花的少量花蜜上，處於不利的局面，後者更適合擁有較短舌頭的昆蟲。

在達爾文的時代，未知之事還要加上一件，那就是生理、產熱與體溫調節所扮演的角色，這些在了解授粉者與植物之間的關係上，也是重要的變數。一如所有的動物，昆蟲的活動取決於肌肉的收縮，肌肉收縮則會產生熱。昆蟲一般歸類為冷血動物，即便發現有些昆蟲可以提高體溫。在我的研究生涯初期，也就是一九六九年進行一項研究時，某個寒冷的晚上，我在加州安沙波利哥沙漠（Anza-Borrego Desert）測量了一隻在花間盤旋的白條天蛾的肌肉溫度，結果讓我大吃一驚。我把一支熱電偶（thermocouple）插進我抓到的第一隻天蛾，得出攝氏四十四度的讀數，對正常體溫在攝氏三十七度的人類來說，那實在說不上是冷血[5]。

熱血對昆蟲來說也與脊椎動物一樣，一來是活動後的產物，再來是有根本的需求。肌肉會發熱是由於肌肉收縮時出現的副產品，因此在演化歷史的過程中，肌肉必定適應了在活動時產生的高溫下運作。因此，在進行活動前，大型飛蛾及其他大型昆蟲都要先顫抖一番才能夠起飛。在此體型至關重要。

體型大的動物與體型小的相比，其被動散熱的速率較慢。再來，在相同體型以及其

原注 5 這個發現可謂驚人且在意料之外，因為昆蟲大多給歸入冷血動物，因此相對於高度「發展」的動物、鳥類及哺乳類來說，可能發展程度較為低等。我接下來二十年的研究道路，就走上了一個全新且多產的軌跡。

他條件（好比隔熱）也相當的情況下，物體冷卻的速度與其本身的溫度和環境溫度的差異成正比。天蛾的體型相對來說較大，牠們巨大的飛行肌每秒鐘能收縮三十到六十次；牠們在夏天活躍，同時在熱帶氣候下最為常見。因此，從自身的代謝來說，牠們的體溫就要比其他動物來得高；和我們人類一樣，牠們也擁有一些與散熱相關的共同問題和特徵。

人類是在炎熱的環境下演化生成，人在覓食活動中身體內在持續且強力的產熱，對身體是個負擔；人類演化出把多餘熱量給排出體外的一流機制，那就是出汗。有些昆蟲也演化出排除多餘熱量的方法來穩定（調節）體溫的能力，而不只是降低熱量產生的速率（熱量輸出）。

有些生活在沙漠裡的蟬會從身體上的腺體排出液體，讓牠們在進行鳴唱這種高度肌肉收縮活動時散熱。這種「出汗」的液體間接來自植物，植物則從深入地下的根吸取水分。蜜蜂的做法有些不同，牠們會反芻花蜜，像狗吐舌頭一樣，讓花蜜在舌頭上蒸發，或是用前足把花蜜塗在過熱的胸部。我發現上述兩種方法天蛾都不會做，但牠們擁有的解剖構造與生理，讓牠們與溫血動物有相同的立足點，這不只是實際的說法，也是字面的意義，牠們會把飛行肌工作時產生的多餘熱量轉移到腹部，後者的作用就像防止引擎過熱的汽車散熱器。

大多數在夜間飛行的夜蛾，習慣在早冬及春天活動，那可能是為了逃避鳥類的捕食。牠們的溫度問題正好與天蛾相反，因為牠們的體型小得多，加上牠們飛行時，空氣的溫度有時會降至冰點。這些蛾類之所以能將大部分熱量維持在飛行肌所在的胸部，不讓熱量流失，在此解剖構造扮演了重大的角色。牠們的胸部有多毛的隔熱層，還有兩個逆流熱交換器，一個降低了流失到頭部的熱量，另一個幾乎防止了熱量流失至腹部，因此熱量都保留在胸部，以維持飛行肌的運作。其他較小的冬季飛行蛾類，像是尺蠖蛾科的一些種類，體型小到幾乎無法把身體加熱。牠們演化出完全不同的策略來解決飛行肌運作的相同問題。

我們在十月和十一月開車穿過林木繁茂的地區，車頭燈總能照到這些「冬蛾」。讓人驚奇的是，牠們在飛行時體溫幾乎與外界溫度一樣，即便氣溫已降至冰點。這怎麼可能呢？答案再次是牠們的肌肉已經適應了這種溫度，但牠們的能量輸出受到了限制。這些飛蛾擁有大型的翅膀，部分當成帆來使用；加上牠們的體重非常輕，因此肌肉只需要做很少的功就能讓牠們停留在空中。這些蛾類的產熱量很少，就算產生了熱，大部分也不能保持住。有趣的是，我們在車頭燈前所看到的每一隻飛蛾都是雄蛾，為什麼呢？因為雌蛾沒有翅膀，牠們的體型像蛆一樣，那是由於裝滿了卵而顯得圓滾滾的。

我提出這些昆蟲的創新方式，是因為昆蟲的體型一般不大，卻能進行巨量的活動，以及能活躍在熱與冷的嚴酷溫度下，有許多甚至能維持高於人類體溫的溫度，並做得出奇地好；與人類這種自詡在演化上位於優越位置的溫血動物相比，昆蟲讓我印象深刻。我這麼說並不代表大多數昆蟲在大多數時間裡就不是冷血動物了；牠們的體溫隨著環境溫度而變，是正常現象，大多數的熱血昆蟲也是如此，就像大多數脊椎動物會對體溫調節有放鬆的時候，通常那是對節省能量的一種適應。

昆蟲讓人驚奇的地方，不是大多數昆蟲在大多數時候所做的事，而是在某些時候能做的事。要是忽略了這種變異，就好似認定人科動物就只能以兩條腿走路的方式移動；因為從統計上來說，幾乎在任何時候，走路是他們最常見的移動方式。

08 毛茸茸的與奇妙的
Woolly and Wondrous

《自然史》(*Natural History*)二〇一六年二月號

十一月初，我發現有個飄浮在空中的點在我身旁盤旋，在黑色的森林背景下呈現出白色光點。當時沒有一絲風，但那個點一會兒移向右方，一會兒又向左、向上、向下移動。我被這個發亮、顯然是自我推動的白點給迷住了。我朝四周看去，發現了一個又一個；幾分鐘後，再發現了另一個。由於我離這些點很近，我曉得牠們比在夜間出現的夜蛾小得多，也比每年這個時候，在夜間及白天都輕微擺動翅膀的虛弱尺蠖蛾小。由於這些飛點太小了，我看不到牠們是否有翅膀，但從其行為判斷，我認為是有的，而且牠們只可能是昆蟲。我等著其他的飛點靠近我，然後成功地抓到了三個。牠們在我手掌上看不出來是什麼，只看得到微小的翅膀和黑糊糊的小點，但這就足夠讓我知道牠們是蚜蟲。但牠們在每晚結霜、甚至可能下雪的十一月天飛翔，似乎有些奇怪。

這些小蟲的顏色顯示牠們可能是北美赤楊卷葉綿蚜，牠們身上包覆著纖細的白蠟絲

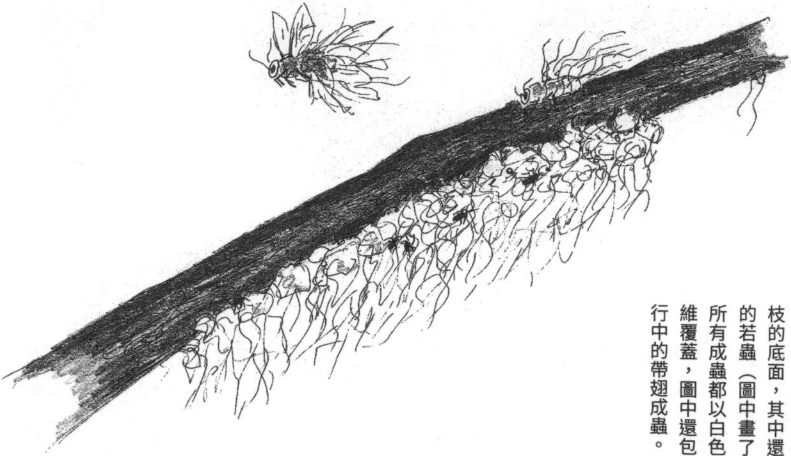

■約四十隻綿蚜聚集在一根樹枝的底面，其中還有數不清的若蟲（圖中畫了四隻）。所有成蟲都以白色的蠟質纖維覆蓋，圖中還包括一隻飛行中的帶翅成蟲。

線。我很快就發現牠們成群地附著在赤楊的樹枝上，每一群都類似一層雪墊，或是像樹枝上感染了蘑菇或黴菌。在一個個群聚當中，蚜蟲緊密地包裹在一起，整個冬天都停留在樹枝上，面對惡劣的天氣。在夏天，蚜蟲受到螞蟻的保護，蚜蟲則提供甘露給螞蟻為食：螞蟻會以觸角碰觸蚜蟲，後者則從肛門處釋放出來自植物汁液的過濾液。蚜蟲需要胺基酸來製造蛋白質，當牠們吸食樹枝的汁液時，同時也吸入了過剩的糖分；對過著低能量、固定不動的生活，一代又一代地都緊附在同一位置的蚜蟲來說，那些糖分是不需要的。

自我有記憶起，我就經常看到附著在赤楊樹枝上一塊塊白斑般、毫無動靜的蚜蟲群落，我也從未對牠們多加注意過。但十一月中看到這些在我身旁飄蕩的白色、似棉花、帶翅膀的蚜蟲形式，讓我窺見了一個可能很有趣的故事。

我把我珍視的標本，三隻被壓扁的蚜蟲小心地放在一張我口袋裡的筆記紙上，當成寶貝一樣帶回我的木屋，同時我還帶回一根上頭附著了蚜蟲群落的樹枝。在放大鏡的幫助下，我得以確認那幾隻飛行物的確是帶了一對翅膀的蚜蟲。我有些期待會有其他蚜蟲從樹枝上的群落破巢而出，並在熱身後開始飛翔；我把群落留在木屋內一整天，沒有看到任何動靜發生。於是我把該群落拆開，剝離覆蓋在外圍的白色、絲狀蠟質，顯露出來的是十五個圓形矮胖的團狀物，每一個都是一隻不帶翅膀的深藍色蚜蟲，牠們的腳非常纖細，不大可能有用，甚至連爬行都有問題。與前一日我捕捉到的帶翅同類相比，這些蚜蟲可謂巨大。除此之外，我還在群落中發現二十二隻幾乎是顯微大小的若蟲，擠在成年蚜蟲之間的空隙。這些幼蟲可能是最近才新生（孵化）的，隨著群落一起過冬。

這個群落看來是幫忙保護幼蟲的家，並可能在來春讓牠們有個起步的優勢。所有那些大型、圓滾且無翅的蚜蟲必定是成年雌性蚜蟲，牠們在整個夏天及初秋都扮演群落母親的角色，是蚜蟲有趣的無性（孤雌生殖）生命週期的參與者。但在經過許多代的無性生殖後，蚜蟲會產生出生理上發生變化的若蟲：牠們會生出翅膀並進行有性生殖。環境的改變，例如白晝時間縮短、氣溫轉涼，或食物供應減少，可能引發這個反應。我碰見並抓住的幾隻蚜蟲，就是這種少見的帶翅以及行有性生殖的蚜蟲。

在我發現的蚜蟲群落裡可能不會有帶翅的蚜蟲出現，但帶翅的蚜蟲必定也是幾週前從某個類似的群落生出來的，牠們出生後就一直在尋找伴侶或過冬的所在；如果是雌性的蚜蟲，還可能在尋找另一棵可讓牠們依附的赤楊樹，然後成為新群落的母親，準備來年春天開始新的生命週期。以上就是這種蚜蟲的故事。

這件事本來可以到此為止，但我又想到了一些奇怪的事。我在那個十一月天剝開的蚜蟲群落，發現其中已經帶有一批新生的幼蟲（可能是下一代的無性生殖者），而山野間同時也存在著帶翅的蚜蟲（確定行有性生殖且向外傳播）。那些群落裡的若蟲在來年春天會發育成熟，但牠們將不會向外散布，仍然依附在牠們的母親、祖母及曾祖母長大的赤楊樹枝上。這代表著該群落不是個短暫的存在，而是個延續多年的社區，並不時地會送出行有性生殖的繁殖體在別處建立新的群落。為什麼赤楊卷葉綿蚜不像其他的蚜蟲，就只是由於成蟲的孤雌生殖而偶然地群集在同一地點，過著半自治的生活？這些蚜蟲群聚在顯然是刻意緊密的包裹當中，讓牠們更像一個群體，加上厚實的白蠟覆蓋，隱藏了每個個體的存在。在過往的冬天，我經常看到這些白色覆蓋的蚜蟲群落，但從未想過群落裡帶有若蟲。

在每年蚜蟲週期即將結束之際有了這個發現，讓我對赤楊卷葉綿蚜產生了新的興趣。第二天，我帶著尋找蚜蟲群落的眼睛出門。由於我腦海裡已經有了尋找的畫面，我幾乎馬上就發現了一個又一個的蚜蟲群落，總數有三十二個之多，並呈現出一種型態。雖然一叢赤楊裡通常只會有一個群落，但其附近不遠處經常能找到另一個群落。我找到的一叢赤楊裡，有十個群落之多。根據我剝開的六個群落，每個群落當中的蚜蟲數目變化很大，從九隻到兩百一十三隻不等；其中沒有一個群落裡有帶翅的蚜蟲，但每個群落裡都帶有幾乎兩倍成蟲數目的若蟲。所有這些若蟲也都一樣，幾乎是顯微大小。這些觀察結果都強化了如下的想法：這些群落的生長期限都要比一季長上許多。問題是牠們為什麼會持續存在？附著在群落外圍的白色蓬鬆蠟質，是否與這種型態有關？這種不常見的蠟質會演化出來，必定對蚜蟲提供了某些好處；這些好處又會是什麼呢？

這些蠟質會把一群蚜蟲給遮掩住，可能不是偶然事件；我沒有發現任何群落有被扯開的證據。這些白色材質與鳥類通常的獵物看起來非常不一樣，因此可能被忽視。如果某個群落被鳥注意到了，並向其啄去，那麼鳥會先嘗到蠟，而產生反感。我舔了一下白蠟，沒有什麼味道，也不大可能有毒。白蠟提供對抗掠食的保護，可間接從毛蟲及草蛉看出，牠們演化出以群落中的蚜蟲為食：蚜蟲則使用白蠟來偽裝自己。

使用非常顯眼的白蠟做為防禦掠食者的方法，似乎有些弔詭，因為那會讓赤楊卷葉綿蚜的群落很容易就被看到。達爾文曾經想過為什麼有些獵物會長得那麼顯眼，長久以來這個問題都是個謎。如今我們曉得顯眼的色澤是種警戒色或警告，好比鮮豔與彩色的標記是有毒昆蟲的識別，掠食者很快就學會避免吃到，而白色則可能提醒掠食者蚜蟲並不好吃。另一方面，從遠處看，白色可模擬雪或黴，掠食者也就不會多看一眼。我很高興自己多看了一眼，導致了有趣的發現：十一月裡，蚜蟲的幼蟲及其母親共存於群落中，同時還有飛行的蚜蟲。

09 冬日來客
Winter Guests

《自然史》（*Natural History*）二〇〇一年二月號

早在我的木屋建好之前，我就已經看到了它的潛能。我馴養的大鵰鴞布波喜歡停棲在其中一根屋椽上，而不再停留在林子裡，因為那裡有冠藍鴉會騷擾牠。同樣地，當我跨進門檻，就把六月裡窮追不捨的成群吸血黑蠅及馬蠅擋在門外。除了夏末時分有幾隻蒼蠅不小心闖入外，我的木屋可說是個庇護所。但當冬季降臨緬因州時，我的木屋就對當地的野生動物產生了吸引力，有許多動物還把木屋當成了自己的避風港。由於我是第一回自己蓋木屋，我犯了許多建築上的錯誤；其中最大的一樁，就是沒有想到冬日會有訪客到來，同時還數以千計。

就哺乳動物來說，每年的訪客包括幾隻普通灰鼩鼱、短尾鼩鼱、紅背田鼠，以及數量最多的白足鼠。就我來說，所有這些動物都在歡迎之列，除了其中最可愛的白足鼠例外。一般來說，白足鼠會躲在樹洞及其他縫隙裡過冬；牠們在那些地方築了舒適的巢穴，成群依偎著取暖。自從我蓋了木屋後，我就盡了最大的努力把任何可能的開口以麻絮堵住，那是一種瓊麻絲，更常用來填補木製船隻的破洞；但白足鼠似乎輕易就能鑽進木屋，牠們能從細小的開口或把木頭之間的麻絮拉開形成開口進入。在這件事上，體型更大且更強壯的鼴鼠也幫了忙；後者會把麻絮拿去鋪墊牠們過冬的巢穴，可能是樹洞或是我為其他住戶提供的鳥舍。

▪我養的大鵰鴞，布波

每個冬天的晚上，我都能聽見成群的白足鼠在金屬屋頂和一層隔熱泡沫塑膠板之間的空隙蹦蹦跳跳。在牠們停下的期間，我可以聽到牠們咬嚼泡沫塑膠的聲音。白色的泡沫塑膠碎片像雪花一樣飄下，鋪在床和地上。一旦老鼠進了房間，牠們會撕碎衣服，把布料拿去築巢；把花生留在我的床上，以及鑽進家裡的乾貨。我也想過牠們可能攜帶了病原菌。如果我設下捕鼠器，一晚通常能抓住四隻老鼠，但家裡總是還有更多的老鼠跑來跑去。在白足鼠和鼴鼠的共同努力下，顯然還提供了「另一大幫動物」入侵的主要管道。

這一大幫動物都是在冬季現身，舒服地躲在室內，其中主要是粉蠅。根據撰寫《蒼蠅的自然史》（*Natural History of Flies*, 1964）這本蒼蠅聖經的歐德羅伊（Harold Oldroyd）所言，粉蠅屬裡有好幾種粉蠅，其中大多數的體型是家蠅的好幾倍。粉蠅屬於黑蠅科，或稱「肉食」蠅，美國本土種的幼蟲以動物屍體為食。但在我木屋裡的主要是從歐洲引進的粗野粉蠅，其幼蟲寄生在活蚯蚓體內。這種粉蠅既大且多剛毛，與美國本土帶金屬綠或槍管藍的麗蠅（這種蒼蠅從來不進我的木屋）相比，並不好看。

秋天時，粗野粉蠅在我木屋外的木頭上成群聚集曬太陽；當天氣變冷時，牠們就從縫隙中鑽入。到了十一月，大多數都已經進到屋內，但並不引人注意，直到我燒木材的暖爐生起、發出啪啪的爐火聲時，牠們會在一個小時內從各個縫隙蜂擁而出。如果當時天色仍亮，數以千計的粉蠅嗡嗡地齊聚在木屋的八個窗子前，發出集體的嘶嘶聲。顯然牠們感受到了溫暖，以為春天到了，於是就直接飛向有光的窗戶。即便是在最冷的日子，只要我打開窗戶，牠們就急忙衝了出去，但只飛了一小段，牠們就被寒冷給攫獲，變成動彈不得，跌落在雪地上，提供了山雀一頓大餐。在接觸緬因州冬天的寒冷時，這些蒼蠅在生理上具備了忍受低溫的能力。在實驗室的情況下，我發現有些蒼蠅在迅速降溫至攝氏零下二十度時就死了；而有些只要氣溫回暖，可從攝氏零下十度復甦，在幾秒鐘內就可爬行，如同木屋中的那些粉蠅一樣。

種類甚多的螞蟻和甲蟲的幼蟲，在野外的樹幹裡過冬；在那裡，牠們要忍受接近環境空氣的溫度。與迅速復甦的蒼蠅不同，我從外面帶回木屋的幼蟲，就算經過幾個小時的回溫，似乎仍像石頭一樣死氣沉沉。只有過了幾天以後，牠們才開始顯露出生命的跡象。強化這些幼蟲、讓牠們對抗寒冷的物質，可能也造成牠們長期處於僵直狀態。螞蟻及甲蟲的幼蟲體內帶有甘油或其他帶甜味的「抗凝劑」酒精（我還沒嘗過蒼蠅的），可防止冰晶在牠們體內形成，也讓牠們變得不活躍，同時還要花很長時間才會從血中除去。

其他的冬日訪客（主要有三種）都長得美麗，且習性溫和。例如當木屋室溫變暖時，牠們不會像惱人的粗野粉蠅那樣，環繞著床頭燈盤旋；等到把燈關了，牠們又會衝進燈罩下方，在那裡肆無忌憚地嗡嗡叫。

其中第一種是蛺蝶，通常牠們都停留在室外的縫隙，很少會進到木屋裡。秋天時分，我經常在屋頂下方看到一或兩隻蛺蝶振翅飛舞。第二種是最近幾年才大量出現的：在某些年，牠們進駐木屋的數量以千計，其他些年則只有數十隻；而今年冬天，至今一隻都還沒出現。牠們是色彩豐富的亞洲瓢蟲，最早是為了控制蚜蟲才引進美國南方。如同許多美國原生種的瓢蟲，牠們擁有漂亮的黑紅色；但亞洲瓢蟲的變化更多，牠們的背景色可以是深紅色、橘色或黃色，可能沒有斑點，或是以微小的黑色斑點裝飾，或是斑點融合成黑帶。

不是每個人都喜歡這種甲蟲，在美國有些地方，純粹是由於牠們的數量龐大，以及牠們適應了在人類住家環境生活，而不是牠們原本的野外裂縫或洞穴，因此變成了害蟲。一如其他許多帶有警告性鮮豔色澤的昆蟲，對掠食者來說，色彩斑斕的亞洲瓢蟲很難吃；如果把牠們壓碎了，會釋放出難聞的氣味。

多彩的瓢蟲及其幼蟲以蚜蟲或其他吸食樹汁的昆蟲為食，例如從美國維吉尼亞州到新英格蘭地區大批摧毀鐵杉的球蚜。據稱一隻多彩的亞洲瓢蟲在發育過程中可吞食六百到一千兩百隻蚜蟲。球蚜是從亞洲引進美國的，到了一九八〇年代中期，成為嚴重的問題；那也是我的木屋最早看到有亞洲瓢蟲出現的時候。鐵杉一旦受到了球蚜的攻擊，就會死去。到目前為止，我種的鐵杉還沒有遭到球蚜的侵犯，因此我歡迎這些瓢蟲進入我的木屋過冬。

第三種昆蟲是常客，但數量一直沒有很多，牠們是草蛉。這種昆蟲的淡亮綠色一直延伸到四枚翅膀上，那是纖細的膜狀構造，從翅脈網絡之間延伸出去。對我來說，草蛉帶有某種光環，但對蚜蟲來說就不是那麼回事了。草蛉成蟲及其幼蟲（俗稱蚜獅）都是凶猛的掠食者。在冬季的樹林中，我經常發現成蟲躲在鬆脫的樹皮下方冬眠。牠們在木屋裡算是稀客，所以看到牠們是件樂事。

冬季野生動物的多樣與多量，不僅限於我的木屋，任何人都同樣有福享受。只要留下幾個開口，我就成了招待好、壞以及美麗動物的主人[6]。

原注　6 自本篇文章發表以來，亞洲瓢蟲以及粉蠅就變得罕見了。

10 北極熊蜂
Arctic Bumblebees

《自然史》（*Natural History*）一九九〇年七月號，原題為〈蜜蜂的抗凝〉

這是我人生中第一次在午夜時分尋找熊蜂。那是六月二十二日，夏至過後第二天，我人在加拿大北極圈的埃爾斯米爾島（Ellesmere Island），太陽全天都在我們頭頂上繞圈，就算是半夜，太陽也只下降至地平線上方十度左右。雖然是永晝，但我們幾乎感受不到夏天已經到來。我們預計在此待一個月，但兩個星期下來，只碰上四個晴天，其餘都是陰天，而且室外溫度都沒超過攝氏四度。

兩週前，我們從雷索盧特（Resolute）搭乘哈維蘭雙水獺飛機（Havilland Twin Otter）向北飛行，下方所見都是一片純淨的白色地景。我們沿著一片陡直光禿的山壁往亞歷珊卓峽灣下降，我注意到有海豹躺在冰洞邊上，那是牠們咬穿白雪覆蓋的冰層所造成的洞，並在整個冬天維持著洞的暢通。在某些洞與洞之間，可以看到有北極熊的足跡。我還發現熊的足跡從岸邊一路來到我們在那裡的臨時木屋住處，不免讓我有些擔心。我們人數不多的研究團隊由聖母大學的杜曼（Jack Duman）和幾位研究生組成，他們是來研究昆蟲的抗寒性。我加入他們是希望見到熊蜂，並解開熊蜂溫度調節生理的可能祕密。

飛機降落在峽灣的雪地，我們在岸邊卸下帶來的補給品，看著飛機離去，消失在遠方，留下陪伴我們的是一片寂靜。我們一路穿越許多冰縫，前往皇家加拿大騎警偏遠站的主木屋，木屋前有張褪色的相片，上面是位穿著紅色外衣、吹著小號的騎警；在兩把裝了彈藥的來福槍扳機旁，有個以英文和因紐特文寫成的標示，內容是如何防禦北極熊的說明。另外還有個手寫的標示：「瘋狂科學家在內工作，入室請自行承擔風險。」請自行選擇風險，進屋或留在屋外。

接下來我們焦急地等待春天的到來，以及與之俱來的生命。凍原上生命的出現緩慢，讓我們有時間把注意力投向周遭的地理環境：我們的下方是一塊被峽灣冰層緊緊夾住的冰山，南邊是一道高聳的冰河，東邊則是巨大的峭壁；但隨著地面的雪層開始被太陽融穿，我被腳下逐漸出現的一塊塊小人國世界給迷住了。

沉鬱的河流開始接收冰河融化的水，河流兩岸的雪也逐漸向後退卻。岸邊的土地上廣布著花崗卵石、岩石以及巨礫，上頭則覆滿了地衣，其顏色有烏黑色、灰色、綠色、白色、橘色以及黃色不等，形狀則從葉片形、硬殼狀，到分支羽毛般的尖刺狀。它們生長速度緩慢，在短暫的夏季以難以讓人察覺的速度進行；在一年當中其他季節（或大多數時間），則以靜止的狀態存活。

同時從雪地裡冒出頭來的是墊狀植物，仍維持著前一年或之前好些年的葉子。它們也是耐寒的長壽者，於春天再次重生。從遠處望去，低矮緊密墊狀的山地仙女木看來就像銀灰色的岩石；但在短短兩週的時間內，它們就長滿了灰綠色的短葉，接著又發出纖細的黃花。種類繁多的匍匐北極柳樹枝條發出挺立的柔荑花序，看起來就像地面冒出了銀色的尖刺。銀色很快就變成了紅色，然後是黃色，接著釋放出它們的花粉與花蜜給北極熊蜂（*Bombus polaris*）。

紫色虎耳草是北極最早開花的植物，也是熊蜂與這塊嚴峻土地的最早聯繫。它那五瓣鮮紫色的花從雪地裡緩緩冒出，映照在凍原柔和的淡色中。它們開在褐綠色的平滑葉墊上，好似隨時會滾落下來。在我還未習慣北極生物的纖細、或是早已習慣北極地貌壯觀的眼中，它們似乎無比珍貴，尤其是附近還看不到任何昆蟲。

不過，只要有鮮豔花朵的地方，就會有授粉者的存在。在我半帶驚訝中，終於聽到以及看見一隻熊蜂逐漸飛近。牠在積雪的地面飛得很快，然後在我身旁最早開放的虎耳草花中短暫停留了一會兒，就又迅速離開。這時的熊蜂都是剛從休眠中醒轉的雌蜂（蜂后），尋找花蜜為食，以供應其龐大的能量需求，同時尋找築巢地點，好建立自己的群落。

全球約兩萬種蜜蜂中，只有兩種生活在極北端，這兩種都是熊蜂，其中一種是另一種的群居寄生者。我當下所見的應該是北極熊蜂的蜂后，至於寄生熊蜂的蜂后，會等前者開始築巢後才出現。

在北極圈內，大多數昆蟲的存活策略，與地衣和開花植物一樣，依賴的是慢下來和忍耐。好比我的主人之一，聖母大學的庫卡爾（Olga Kukal）發現，北極毛熊蛾的毛蟲需時十三年才會成熟，牠們一生大多數時間都以凍僵的型態存在，一如冷凍庫裡的肉類，只有在短暫解凍的期間才會生長。

至於熊蜂鎖定的是另外一種策略：對牠們來說，生存與繁殖並不只是靠著在漫長的冬季裡把步調放慢，同時還加上在短暫的機會之窗內大幅加速。牠們的幼蟲（以及群落）不能在冷凍下存活，因此牠們不但要壓縮整個生長期，同時還要把整個群落的生命週期都壓縮在短短一個夏季當中。牠們的「計畫」很簡單，也與任何群居的螞蟻、蜜蜂或黃蜂類似，那就是由一隻度過冬季且具繁殖力的雌蜂靠一己之力築巢以及產卵，然後牠的第一批（或不止一批）女兒會充當保母以及供應者，照顧後來出生者；後者則進行交配、過冬，以及在來年產卵。群落愈大，就愈可能做到分工，對抗寄生者以及掠食者的能力也愈強，整個群落的效率也會變得更順暢。

熊蜂蜂后的社交策略最主要的限制是時間，因為要建立一個群落，得在一個季節裡有好幾個重疊的世代才成。這在熱帶地區不是問題，因為那裡沒有多少、甚至沒有對季節時間的限制。可想而知，大多數熱帶的熊蜂、黃蜂以及螞蟻的群落都會變得巨大無比。至於在北極圈內還有群居的昆蟲存在，可是個奇蹟。

北極熊蜂代表的是一個極端，我曾預測過讓牠們將整個群落週期擠進一個夏季的一些適應，這對其他的群居昆蟲可是致命的事。就什麼事能完成以及多少事能完成這點來說，高體溫能有效地把時間延長；所以我來此的重點，就是想找出牠們是怎麼辦到這點的（而不是牠們怎麼樣在北極冬眠中存活）。

北極熊蜂有好些顯而易見的特徵幫忙牠們壓縮了生命週期。首先，牠們不選擇經由許多世代來建立龐大的群落，牠們是在產生一批工蜂後（有時甚至中間連工蜂都沒有），就選出新的蜂后與雄蜂。其次，如果產生出了工蜂，第一批通常有二十隻或更多，而不像溫帶的熊蜂只有六到八隻。第三，北極熊蜂為了節省時間，不但會占用其他熊蜂築好的蜂巢，甚至還會使用雪鵐這種鳥類的鳥巢。我看過一隻北極熊蜂的蜂后成功地奪取了正在孵卵中的雪鵐鳥巢，雪鵐讓出了鳥巢並留下三顆鳥蛋；接著蜂后就在乾草與白色隔熱羽毛的襯墊上養育牠的子代，鳥蛋則依然留在那裡。

熊蜂對寒冷氣候的主要適應是一般性的，但北極熊蜂的特別之處，是牠們發展出高度控制體溫的機制；當其他昆蟲被迫進入深度冬眠時，牠們還能夠維持活躍。

熊蜂能利用飛行肌的顫抖，將體溫升至攝氏三十五度的高溫。一如其他的熱血昆蟲，熊蜂在飛行前利用同時收縮向上和向下滑動的飛行肌，造成肌肉強直（tetanus），以便在胸部產生熱量。如同迄今為止研究過的所有其他熊蜂，北極熊蜂的飛行肌溫度至少要達到攝氏三十度，才可能起飛。但在此相對來說的低溫下，飛行的速度緩慢且笨拙；快速飛行的蜜蜂必須將肌肉加熱至攝氏三十五到三十七度才行，也就是接近人類的體溫。

對蜜蜂來說，蜂蜜可換取時間，肌肉溫度則可延長時間；能夠顫抖、加熱以及飛行是達到目的的唯一手段，其收穫是給群落帶來快速且穩定的花蜜與花粉輸入。這種輸入可以讓熊蜂群落在單一季節以及涼爽的白晝和夜晚，有時間成長。就算在持續的低溫下，食物也會影響覓食速度以及幼蟲的生長速率。

為了能夠生長，熊蜂幼蟲的體溫必須維持在接近攝氏三十三度；這個溫度可是比靠近赤道的低地氣溫還要高上幾度。為了提供幼蟲接近熱帶的環境，北極熊蜂和其他熊蜂在蜂巢溫度的管理上，擁有與之相關的特定行為與生理。在生理上，牠們會利用飛行肌的顫動，然後將胸部產生的熱能轉移至腹部以及血液，和抱窩的鳥類將裸露的腹部放在蛋上及雛鳥上是一樣的。就像一隻孵了一窩蛋的鳥一樣，熊蜂蜂后也會將身體壓在帶了卵及幼蟲的蜂巢上溫育，就算是在冰點或冰點以下的氣溫，也能將蜂巢的溫度維持在攝氏三十度以上。

就像任何遠離了熵的系統，北極熊蜂的這種系統也要花很多能量來維持，特別是在北極。紫色的虎耳草花以及柳樹的柔荑花序，都經由其花蜜的能量貨幣與熊蜂緊密結合在一起。

六月裡，我在埃爾斯米爾島上見到的那隻在雪地上飛快掠過的北極熊蜂蜂后，看起來還沒有多少可用的食物來源。我猜想那時的花蜜比任何時候都來得寶貴。再者，我預測為了要維持飛行引擎的加熱，季節早期在寒風中飛行的蜂后，會盡量將熱量保持在胸部，防止熱能漏向腹部。

我對覓食蜂后腹部溫度較低的預測，結果卻是錯的。這對我來說是個意外的驚喜，我發現那些在虎耳草花上停留的北極熊蜂蜂后的腹部是熱的。尤有甚者，其腹部溫度受到了調節（與環境溫度無關）。這種特別之處是否是生活在北地的蜜蜂所獨有？顯然如此，因為次年春天我在新英格蘭地區比較了最早出現的蜂后體溫，發現牠們與北極熊蜂不同，其腹部溫度較低，且不受調節。

預測被證實通常不會比遭到推翻更讓人興奮，因為預測的結果在期望之中。之前我曾在實驗室裡發現，熊蜂蜂后在牠們加熱卵及幼蟲時，其保存胸部熱能的逆流交換裝置，會變成交流（alternating current）的方式。蜂后在孵育下一代時，將裸露的腹部腹面貼在卵或幼蟲上的行為，與孵卵的母雞如出一轍。於是我興奮地提出新假說如下：北極熊蜂早在卵於卵巢時就開始孵育了，其位置自然是在腹部。這些只有不到溫帶蜜蜂三分之一正常時間來建立群落的北極蜂后，為了搶占先機，是否在產卵之前就開始孵育卵巢中的卵，以促進卵的發育與生產？如果真是這樣的話，那麼北極熊蜂的雄蜂與工蜂的腹部溫度就不會像新蜂后的那麼高，而會與溫帶的熊蜂一樣低，因為牠們的肚子裡沒有卵。

於是我準備展開另一次的狩獵熊蜂之旅，為什麼不去阿拉斯加呢？這一次我是和朋友兼同事沃特（F. Daniel Vogt）一同前往，我們在靠近德納利山（Denali）的高海拔處紮營；這次我又帶了能偵測昆蟲體溫的手持電子溫度計。

我們是在七月去的，那時蜜蜂群落已接近週期的尾聲，雄蜂開始離開群落，過著吸食花蜜及追逐處女雌蜂的孤單生活。我們爬到了一千五百公尺左右的高度，天氣涼爽且多霧。一頭灰熊和牠的兩隻幼熊在我們下方的莎草草原上漫步。該處沒有什麼花朵，看來也沒有蜜蜂，仙女木花早已凋落並結實了。我們沿著斜坡繼續往上走，與那三隻灰熊保持著充分的距離。

我們往更高處走時，偶爾會見到鮮藍色的烏頭屬花與飛燕草花，還有一些淡黃色的北極罌粟花。我們小心地越過一處高地，深怕會遇見另一頭灰熊，然而迎接我們的是一叢茂密的山金車，黃色菊花般的花朵在一片涼爽、受到保護的窪地裡盛開。在持續不斷的颼颼風聲中，我們豎耳聆聽，聽到有隻熊蜂的嗡嗡聲，很快我們就見到許多隻，讓我高興極了：牠們是毛茸茸、身形壯碩、帶著黑色與深黃色條紋的北極熊蜂。雄蜂與工蜂都在這片花叢中工作著，於是我們開始測量這些熊蜂的體溫。一如所料，這兩種熊蜂的腹部溫度都相當低，與同處於類似氣溫的溫帶熊蜂一樣。

蜜蜂的腹部溫度，或是任何蜜蜂的體溫，對大多數人來說都不會感興趣。這點我是有證據的：當我任職加州大學柏克萊分校的昆蟲學教授時，有回史丹佛大學的學生舉行了一場瑣碎知識競賽，看誰能提出全世界最瑣碎的知識問題。獲獎的問題是什麼？「熊蜂的肛溫是多少？」想出這個問題的人可能是從《國家詢問報》（*National Enquirer*）的一篇報導得到靈感，其中提到我贏得了普洛克斯密爾（William Proxmire）參議員兩萬美元的「金羊毛獎」，得獎的研究是熊蜂的體溫調節，那對蜜蜂的生命來說，可是重要的一面。

熊蜂是山地以及針葉林帶為人熟知的關鍵物種。一如其他蜜蜂，牠們也為花卉授粉；但與其他蜜蜂不同的是，牠們在北極也會做這種事。重點是事情的來龍去脈，也就是所有細節如何整合，形成一個整體。發現看似難解的細節具有的重要性，是讓人興奮的事；因為那讓人感到有連貫性，也是這個世上最接近真實與美的事。

尾聲：熊蜂族群的現況

近來，由於某些地區熊蜂的族群大幅下降，還可能與氣候變遷有關，因此登上了新聞。熊蜂具有調節體溫的能力，特別是適應了北方的氣候而能保持活躍，成了該地區的主要授粉者；因此，我們不免懷疑氣候的改變是否是造成其族群下降的原因。吸引了大眾注意的蜜蜂族群下降，主要是鏽斑熊蜂這一種熊蜂：牠們在二〇一六年被列入瀕危的物種名單，是北美頭一個被列入該名單的昆蟲。這種熊蜂並不常見，但一九七〇年代，我在緬因州的研究對其知之甚詳。其中數量最多的是黃帶熊蜂，多到在任何一片繡線菊、羅布麻或柳葉菜花叢，都能看到幾十隻；在單一繡線菊或一枝黃花的花序上，我經常能同時見著好幾隻。我有好幾篇發表的論文都以這種熊蜂為主，因為幾乎在夏末及初秋的任何時候，都很容易蒐集數據。過了三十年後，我在同樣的區域以及同樣的生態環境，就很難才發現一隻，有些年連一隻都沒有。相同情況也出現在一些其他的熊蜂種類，但至今只有鏽斑熊蜂取得了瀕危物種的身分。

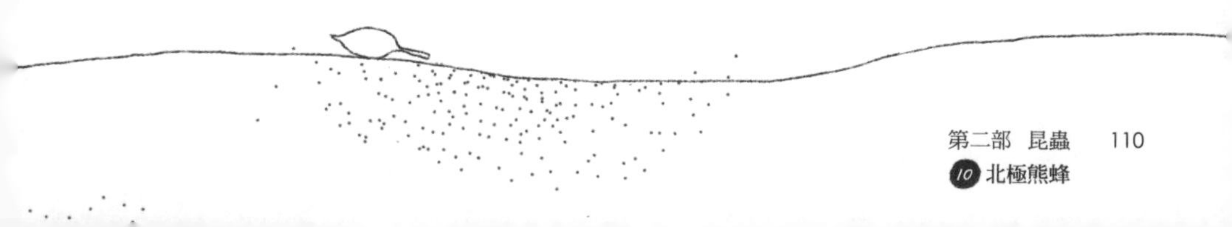

11 戰勝炎熱與以熱擊殺

Beating the Heat, and Killing with Heat

《自然史》（*Natural History*）一九九三年八月號
原題為〈蜂巢裡的舒適度：頭太熱而尾太冷〉

一隻在熱天裡飛翔的雌性蜜蜂工蜂，不但要對抗炙熱的陽光，同時還要對抗其體內的火爐。為了驅動翅膀，牠會收縮位於胸部的強力飛行肌，速率高達每秒鐘兩百次之多；這種運動程度將產生巨大的熱量。該隻蜜蜂的內在溫度可升至致死的程度（攝氏四十八度至五十度），如果不是因為體型小以及飛行時產生的氣流以對流方式散熱，牠將在飛行一到兩分鐘內被烤焦。在無風的日子，停留在一朵花上覓食，牠還是要面對炙熱陽光的全面衝擊。當蜜囊及花粉袋都裝滿了花蜜及花粉時，工蜂會直接飛回群落，在那裡有數以萬計的同伴擠在一起，每隻的身體也都一樣熱。多虧了蜜蜂在生理和行為上的一些適應，就算在炎熱的沙漠，牠們也能存活並繁榮至今。

大多數大型的飛翔昆蟲都演化出在飛行中防止過熱的機制，像是流經飛行肌的血液將熱量從胸部帶到腹部，然後將熱量從腹部散去，就好似在汽車引擎外流動的冷凝劑通過散熱器一樣。但蜜蜂的特殊解剖構造，使得這種方式變得不可行：將血液從蜜蜂腹部通往胸部的血管，在胸腹連接的狹窄通道處被擠成緊密的線圈狀，這使得從胸部流出的熱血流經這些線圈時必須放慢流速，而讓它有時間把從腹部流入胸部的血液加熱（腹部並不生熱），這麼一來也就不會剩下多少熱量流到腹部。蜜蜂無法利用腹部當作散熱器看似是一項缺陷，但散熱器雖可增加冷卻的面積，也只能在體溫高出四周氣溫的情況下，仰賴對流來散去過多的熱量。因此，利用蒸發作用來散熱，是昆蟲可將體溫降至四周氣溫以下的唯一方法。蜜蜂就演化出這種蒸發冷卻系統，讓牠們完全無須使用腹部做為散熱器。

一隻覓食的蜜蜂在炎熱的氣溫下飛行，當被動式的對流散熱不再足以將其頭部溫度維持在攝氏四十五度以下時，頭部的熱感應器就會引發該隻蜜蜂的反應，把蜜囊中的花蜜反芻至牠的舌頭上。當花蜜接觸到空氣，其中的水分將會蒸發，使得蜜蜂的頭部降溫，並帶走附近胸部的熱量。牠還會利用「搖擺」舌頭以及用腳將一些花蜜塗抹在前胸的做法，來增加蒸發的速度。倚賴蒸發作用來散熱還有一項好處，就是覓食者不但降低了體溫，同時還減少攜帶多餘的水分，因此可節省能量。攜帶較少的水分，覓食者就有更多空間把更多熱量帶回蜂巢，同時也提早展開了將花蜜轉變成蜂蜜（濃縮的花蜜）的過程。

返回蜂巢的覓食者體溫可能還是很高，但這時牠面對的是數以千計的蜂巢同伴經由代謝產生的熱。牠會把花蜜迅速地移轉給留在蜂巢裡的接受者之一，然後展開下一趟的覓食之旅。如果蜂巢也很熱，這些接受者會熱心地接受花蜜，然後利用反芻讓花蜜在自己的口部蒸發，以及將花蜜存入蜂巢，讓牠們自己以及蜂巢降溫；花蜜在蜂巢裡經過進一步的蒸發，完成製造蜂蜜的過程。由於這種作用，蜂巢裡的溼度會直線上升，這會刺激一些工蜂在蜂巢入口處搧風，引進較為乾燥的空氣，好讓蒸發作用持續進行。反之，如果天氣涼爽，就不會有多少接受者願意幫忙覓食者卸載稀釋的花蜜，牠們只會接受帶回濃縮花蜜的覓食者。因此，接受者蜜蜂可隨著氣溫來控制進入蜂巢的稀釋花蜜、濃縮花蜜或水分數量。

位於蜂巢或一群蜜蜂中心的蜜蜂，也會在溫和的氣溫下變得過熱，而有危險。位於最外層的蜜蜂可能涼快，有些甚至會接近牠們能容忍的攝氏十五度最低溫；但只要外面的氣溫下降，群落中心的溫度就會升高。許多年來，研究人員都以為位於外部的蜜蜂具有某種與位於核心的蜜蜂溝通的方式，後者可以調節牠們自身的熱量輸出，隨需要產生較多或較少的熱量。但多次實驗都無法顯示有這種溝通方式的存在。進一步研究顯示，核心蜜蜂的高體溫就只是來自牠們自身的代謝。問題是為什麼核心蜜蜂的溫度會因為外界溫度下降而升高呢？答案來自覆蓋在外圍的蜜蜂，是牠們控制了核心溫度。

當蜜蜂群聚成一堆時，位於外面的蜜蜂會讓自身體溫在很大範圍內被動地浮動；至於覓食者或其他活躍的獨行者靠顫抖來維持胸部溫度在攝氏三十三度左右，以便牠們可以隨時起飛。當位於外層的蜜蜂體溫下降時，牠們的第一線防禦並不是花更多能量顫抖，反之，牠們就只是爬入群聚的內部。增加的擠壓使得群聚的蜜蜂縮得更緊，通往外界的空氣通道都被阻塞。最終，位於外層的蜜蜂都緊密靠在一起，牠們的頭部朝內，腹部則向外突出；此時該群聚的熱流失是最低的。如果這是個大型的聚落，那麼數以萬計擠在一起的蜜蜂將熱量都堵在裡面，僅靠牠們的基礎代謝就能將其核心溫度升至離致死溫度只差幾度的高溫。

任何行動都會產生反應，位於核心的過熱蜜蜂也不會維持被動，牠們會向較涼爽的邊緣爬去。由於與外圍相比，核心變得不那麼擁擠，於是在內部產生空間以及開口，將熱量釋放出去。正常情況下，兩種反應都會以動態的過程在任何一團蜂群中同時發生，我們只會看到蜂巢內由蜜蜂隨時移動位置所造成的淨效應；只有當蜂團碰上突然的溫度變化時，才會看到不同的行動。如果將蜂團從室溫突然移至冰點以下的溫度，位於外圍的蜜蜂會首先感知溫度的改變，而馬上集結起來，使得位於蜂團核心的蜜蜂還來不及反應前，就讓核心溫度直線上升。反之，將蜂團從冰點以下的溫度迅速移至室溫下，外圍集結的蜜蜂則會鬆開，核心溫度也就會直線下降。

外圍蜜蜂影響核心溫度的力量，可從亞洲蜜蜂對抗其掠食者胡蜂的防禦反應中清楚看出。日本的蜜蜂（*Apis cerana*）會與一種大型、帶有重裝甲的掠食性胡蜂（*Vespa simillima*）對抗。這種胡蜂經常會在較弱的蜂巢出口處巡邏，一個接一個地捕食蜜蜂，有時會將整個蜂巢裡的蜜蜂都殺死。雖然這種胡蜂身上裝甲厚實，不怕蜂刺，但牠們對過熱卻無法免疫，於是蜜蜂就利用這點進行防禦。在強壯的蜂巢，一開始胡蜂可能只被幾隻防衛蜜蜂給拽住，但接著會有兩百到三百隻蜜蜂將入侵者團團圍住。這些防衛者的體溫原本就要比剛飛出去覓食的蜜蜂為高，當牠們圍著胡蜂形成球狀時，還會不斷地收縮其肌肉，使得這些蜂團的核心溫度飆升至攝氏四十六度。由於胡蜂的致死溫度（四十五到四十七度）略低於蜜蜂的（四十八到五十度），因此那隻被困在蜂團核心的不幸胡蜂就被熱死了。

12 蜜蜂追蹤 vs. 蜜蜂導航

Bee-Lining vs. Bee Homing

我十一歲大的時候住在緬因州西部鄉下，一位當地農夫弗洛依德，以及他三個與我年齡相近的男孩，吉米、比利和布契，教會我探險以及追蹤蜜蜂（bee-lining）的藝術。沒有什麼要比九月下旬牧草地上還有一些野花開放時，發現一棵裡頭充滿蜂蜜的「蜂樹」更讓人興奮的事了。那時蜜蜂還在做最後的努力，從還開著的紫菀和一枝黃花中採蜜，好增加牠們的蜂蜜儲藏量。

我們的基本工具是一只小木箱，裡頭裝了一塊沾了糖漿的蜂巢，還有一根小號的尖棍，棍子頂端有塊木板，做為放置木箱的平台。我們還帶了一小罐八角以及一些麵糊。首先找到一叢沒有被樹林遮擋的一枝黃花，可讓我們看到各個方向；接著我們把木棍插入地面，一手拿著帶有八角氣味的蜂箱，一手拿著箱子的蓋子，把箱子放在一隻停留在花上的蜜蜂下方，啪的一聲把蓋子敲向箱子。箱子內除了蜂巢下方有光從紗窗透入外，其餘都是黑的，因此那隻蜜蜂選擇往下逃走，結果就撞上了那塊帶有糖漿的蜂巢。此時，牠不再嗡嗡作響，而開始轉圈子。我們拉起蓋子往箱內看，發現牠已全神貫注，無視我們的存在。我們把箱子放在台座上，坐在一旁看著這隻蜜蜂。在一到兩分鐘內，牠爬到箱子邊緣，用前腳摩擦牠的觸角；接著我們聽到牠發出興奮的嗡叫聲，在蜂箱前方以及四周來回飛動，作更仔細的檢查。然後，牠開始轉圈子飛，圈子愈轉愈大也愈高。我們瞇著眼睛追蹤牠的飛行軌跡，直到牠消失在遠方。牠消失的方向應該就是牠的蜂巢所在，那可能是在附近的雜樹林內，也可能是在幾公里外森林深處的某個空洞樹幹中。

接下來我們要縮小蜂巢的可能位置，曉得距離有多遠是個有用的起點，這點可從蜜蜂的飛行時間估算，因為我們預期該隻蜜蜂會回來再取一次糖漿。於是我們耐心等待。通常不要十分鐘，蜜蜂就會以之字形路線突然出現在蜂箱邊緣，然後停下來進食。

此時追蹤蜜蜂的工作正式開始，不久就會有更多的蜜蜂開始前來。我們將白麵糊輕輕塗在某些蜜蜂的胸部或腹部，來測定牠們的飛行時間。如果蜂巢所在的蜂樹離得不遠，我們的蜂箱很快就會擠滿了來來去去的蜜蜂。接著我們把箱子的蓋子闔上，一次就抓住許多蜜蜂，然後拔起木樁，盡量走到接近我們猜測蜂樹所在的另一處林中空地或田野，在那裡打開蜂箱，放出裡面所有的蜜蜂。這些飛出來的蜜蜂會先繞圈子轉，大部分會朝著先前飛來的方向飛去。這是牠們在新地點展開的第一次飛行，牠們並不知道自己被帶到哪裡，所以這對我們沒有太多幫助。但如果我們已經很接近蜂樹，就會有一隻或幾隻蜜蜂認得牠們在自己地盤的位置，終究牠們會返回我們的蜂箱。如果沒有一隻返回，我們會在附近再抓一隻新蜜蜂，由於可能更接近蜂巢，希望這隻蜜蜂也來自同一群落。至於那些返回我們蜂箱的蜜蜂，又會重新開始往返蜂巢的旅程，於是提供我們一條「交叉線」，蜂樹就可能位於兩條線的交會處。

我們選了個無風的晴天進入樹林，去尋找預期中的蜂樹，這樣好讓我們在檢查一個又一個樹幹中空的老樹時，能聽見或看見在空中飛翔的蜜蜂。當我們將耳朵靠在一棵老鐵杉樹（野蜂經常選擇的樹種）上聽見裡頭的低鳴聲，以及抬頭看見許多微細黑點在我們上方的晴空中疾飛而過時，內心的激動是無與倫比的。弗洛依德通常是與我們同行的大人，這時他拿出他的彈簧刀在樹皮刻上他的姓名縮寫ＦＡ；根據慣例，無論我們所在的這片樹林是誰家的，這棵樹（至少是樹裡面的東西）屬於發現者。帶著滿懷成功的得意感，我們返回家中，夢想著蜜蜂和蜂蜜。幾天後，我們會帶著斧頭、楔子、橫鋸、噴煙器、手套、防蜂面罩，裝蜂蜜的桶子，以及為蜜蜂準備的蜂巢，返回這棵鐵杉樹。

當樹被鋸倒的那一刻，空中布滿了蜜蜂；一開始牠們會像塊雲一樣成群地在原先的巢穴開口處飛舞，同時還有從砍倒在地的樹中離開的蜜蜂。我們當中的一位忙著使用噴煙器來混淆及轉移蜜蜂的注意，另外兩人則使用橫鋸在我們認定的蜂巢所在處上方與下方將樹幹切開，然後我們將楔子打入中空鐵杉樹的樹幹，露出其中的蜂巢。位於蜂巢上方位置的是較新的淺黃色蜂窩，裡頭帶有蜂蜜。位於較下方、較老的蜂窩是褐色的，其中帶有新出生的幼蟲和蛹。我們使用獵刀將位於中空樹洞的蜂窩與樹分離，將其抬出樹洞。我們會把最大的蜂窩切開（特別是帶有新生幼蟲和蛹的部分），好放進我們帶去的蜂巢框架裡。我們用線將蜂窩固定在框架上（在接下來的幾週內，蜜蜂會將蜂窩以蠟固定在框架上，到時如果綁線沒被蜜蜂咬斷，我們會把線收走）。如果有很多蜂窩的話，我們就放在桶子裡。等到蜂樹中大部分的蜂窩都被轉移或移除後，我們就把帶去的蜂巢框架放在切開的樹上，然後使用一陣陣的噴煙，溫柔地引導樹洞中最緊密的一團蜂群（其中應該包含蜂后在內）朝向新的蜂巢入口移動。

當有第一批蜜蜂從樹上成群進入牠們的新家，並與牠們的子代和蜂后重聚時，我們可以感受到牠們的興奮，因為牠們幾乎是馬上就開始發出嗡嗡聲。幾乎在同時間，就有許多蜜蜂開始在新蜂巢的入口處站崗，除了開始搖動牠們的翅膀外，牠們還把腹部朝向天空，露出腹部尖端的腺體，並從腺體釋放出一種味道，這在蜜蜂的語言是說：「這裡。」其代表的意義要看情況而定，在此該股氣味是告知失去蜂巢而陷入混亂的蜂群，帶有牠們下一代的新蜂巢在這裡。很快地，就算盤旋在空中的蜂雲也會像大遷徙般飛了下來，直到所有蜜蜂都重新安置妥當。這時蜜蜂就開始將蜂窩牢靠地黏緊在框架上，把留在樹上蜂巢裡的蜂蜜都給清理乾淨，又重新開始收集花蜜及花粉的工作，好儲備過冬。過了差不多幾個星期的一個晚上，等所有的蜜蜂都回到蜂巢之後，我們會把蜂巢的入口封上，把蜂巢帶回家。

弗洛依德把蜂巢放在閣樓上一個半開的窗戶邊，我則把牠放在穀倉後頭的一張木凳上。對我來說蜂巢就像個動物一樣，我喜歡坐在牠旁邊，看牠自我進食：看著成對的黃色、橘色和白色的花粉由蜜蜂帶入蜂巢，對坐在一旁的我毫不在意；我很少能在這麼近的距離看到這麼多東西。

冬天裡，我聽到蜂巢裡有輕微的蜂鳴聲。我把蜂巢開口縮小，只留下可供蜂巢呼吸的空間。到了早春時分，當地上還有積雪，有些蜜蜂會飛出蜂巢排便，每隻會在雪地上留下一個黃點，然後回巢。當時天氣還很冷，有些飛得太遠、在雪地裡迷路的蜜蜂，會凍得無法移動，就死在雪地裡。這些蜜蜂可能是斥候蜂，外出尋找花朵。此時差不多是由風媒授粉的白楊樹、樺樹、榛樹、紅楓和糖楓的花朵發出第一批花粉的時候。

花粉是蜜蜂的脂肪與蛋白質來源，對藉由分群來複製群落的蜜蜂來說是不可或缺的。花粉最多的季節是春天，等到蜂后一天產下一千顆卵，群落的規模多了一倍以上，並產生出好幾隻新的蜂后時，群落就準備好分群了，老蜂后會帶著牠約半數的女兒離開，最終會在樹林裡另一棵中空的樹幹裡找到新家安頓下來。

當有一群兩萬到三萬隻蜜蜂急匆匆地離開原先的蜂巢後，牠們會先露宿在樹枝上，與蜂后擠在一團，像個掛在樹枝上的大鬍子。斥候蜂會先行離去，尋找適合的新家所在。由於斥候蜂的數目眾多，因此有可能發現不止一個適合當新家的所在。但分群的蜜蜂只能選擇一處，通常牠們會選擇其中最適合的地方。在決定過程中，蜂后並不起領導作用，而是採多數決。問題是，在只有幾隻斥候蜂真正到過現場的情況下，一大群可能上萬的蜜蜂是如何達成共識，同時又得出最佳新家的選擇？

我在觀察這些蜜蜂時，對此自然是毫無概念，甚至連這樣的問題都還想不到。當時生物學家已經發現的事實，是我無法想像的，但我對此奧祕還是有機會略窺一二。或許是我參與的蜜蜂追蹤行動，以及我對養在穀倉後面那窩蜜蜂的痴迷，父親送了我一份禮物，那是一本薄薄的書，但分量卻極重。書中描述了奧地利生物學家馮弗利許（Karl von Frisch）所做的一些實驗，其中每個實驗都顯示了蜜蜂行為的某個特定事實。從更多實驗得出的諸多事實疊加起來，就說出了一個美麗無比的故事，解釋了蜜蜂的語言。

馮弗利許的實驗有點像我們的蜜蜂追蹤，但更系統化。蜜蜂追蹤顯示出我們在田野裡以糖漿餵食的蜜蜂，顯然與其位於空心鐵杉樹幹蜂巢裡的同伴進行了溝通，因此後者也會為了預期中的糖漿來到我們的蜂箱，雖說牠們從來沒有到過那裡。馮弗利許的系統化、但並沒有更複雜的實驗，卻解開了蜜蜂如何溝通的密碼。接著馮弗利許的學生林道爾（Martin Lindauer）進行了另一批系統化觀察，發現由數以萬計的分群蜜蜂派出尋找新家的斥候蜂在找到合適地點後，是如何向蜂群報告新址的方向、距離以及牠們對其合適度的預測。由於飛回來向駐守蜂群報告的斥候蜂會有好些隻，牠們提供的可能新家地址也會有好多個（林道爾是在第二次世界大戰結束後不久在家鄉進行的這項觀察實驗，因此蜜蜂選擇的新家多是在經炮火蹂躪的廢墟空洞處），由此造成的混淆程度也是巨大的。但林道爾對蜜蜂解決這個問題的方法弄得一清二楚，他可以先來到蜂群選定的地點等待牠們的到來，因為他讀懂了蜜蜂的訊息，甚至在蜂群還沒離開前就曉得牠們將飛往何處。

如前所述，斥候蜂可能找到半打或更多的可能新家所在，每個新址各有所長，會分別由一隻斥候蜂給蜂群做簡報（一如發現我們蜂箱的蜜蜂將蜂箱的資訊告知其蜂巢同伴）。牠們把新址與蜂巢的方向與距離利用舞蹈語言傳達出去。其他的蜜蜂會根據舞蹈做出準確的解讀，得出方向、距離以及價值等資訊，然後飛往目的地去實地考察。牠們回來後還可能根據另一隻斥候蜂的舞蹈，也飛過去一探究竟。根據比較的結果，這些蜜蜂會宣布最佳選擇。當有其他斥候蜂發現的地點要比牠們發現的更好的時候，牠們也會隨時放棄自己的選擇。當所有的蜜蜂都同意了，牠們就會發出訊號，於是整群蜜蜂就出發前往最佳選擇的新家，在那裡定居下來。不過故事還沒結束，知道目的地所在的蜜蜂會成為「帶頭者」，牠們會迅速地穿越漫天飛舞的群蜂，往正確的方向直飛而去。

我在加州大學柏克萊分校任職時（我在那裡解開了蜂群溫度的控制機制），有幸在教授休假年前往哈佛大學研修，並碰巧與希利（Thomas Seeley）共用一間研究室。當時他還在博士班就學，如今則在康奈爾大學開展了傑出的研究生涯，持續蜜蜂的研究工作。馮弗利許把蜜蜂研究比喻成一口魔井：你取用得愈多，井裡的水也會愈多。希利把斥候蜂如何以蜜蜂的價值來評估相關地點的優劣，以及蜂群如何相互協調，從原本的母窩遷移至牠們新選之家的諸多迷人細節，都弄得一清二楚。他在讀了一篇我給外甥查理寫的蜜蜂追蹤的介紹文章後，也進行了蜜蜂追蹤的工作；我的那篇文章發表在一九七五年的《國家地理學校快報》（*National Geographic School Bulletin*），裡頭還附了我和查理的相片。

四十一年後，希利在紐約州旖色佳市附近的森林進行蜜蜂追蹤，得出了預期之外的重要發現。

由於工業化農業，以及與之對應的工業化養蜂以供作物授粉之需，導致蜜蜂因病而相繼死亡。由於死亡率暴增，使得蜜蜂的存活變得愈形險峻，眼下唯一可行的補救之道就是增加用藥。但希利發現，旖色佳附近森林裡沒有接受施藥的蜜蜂照理說應該死去，卻有興旺的野生蜂群。可能的解釋是在天然族群中總是存在著基因的變異，因此具有抗性的蜜蜂會經由天擇的青睞而演化生成，間接地造成具有抗性品種的出現。這是另一個

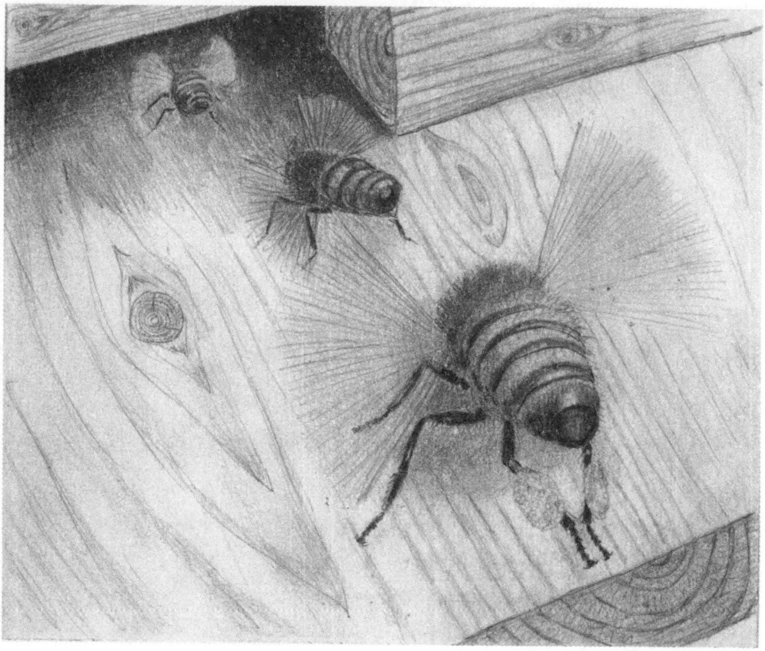

■這張素描顯示駐守在蜂巢入口處的蜜蜂做搧風的動作。牠們搧風的目的可能是為了讓蜂巢涼爽，或同時散播費洛蒙，以引導其他蜜蜂前來並進入蜂巢。

森林存在的價值，由於對探索自然的熱愛而間接得出。

如今希利寫了一本討人喜歡的有關蜜蜂追蹤的書，我想這本書也會像當年馮弗利許的書之於我一樣，對某個少男少女產生影響。按法國科學哲學家龐加萊（Henri Poincaré）的話：「科學家研究大自然不是因為有用，而是因為樂在其中；樂在其中是因為大自然的美麗。」這種對自然的喜愛根植於我們的天性，這種感受在孩童時期尤其敏銳。

13 甲蟲與開花

Beetles and Blooms

《自然史》（*Natural History*）一九九四年五月號
原題為〈貝都因人、開花與甲蟲〉

許多世紀以來，昆蟲與花的關係幾乎沒有引起任何人注意；這單純就是已知事實，同時蜜蜂與植物的生殖具有密切關係的想法，似乎匪夷所思。一七九三年，德國教師史普倫格（Christian Konrad Sprengel）在《揭開大自然的祕密：花朵的構造與授粉》（*The Discovered Secret of Nature in the Construction and Fertilization of Flowers*）一書中，終於將昆蟲與花的關係給拼湊成形；他提出花朵是植物的生殖器官，植物的受精是經由蜜蜂的代勞而發生，花朵是吸引授粉者的訊號裝置，並提供食物做為報償。幾十萬年來，人們自然看過蜜蜂停留在花間，但他們對其所見卻無體認。

史普倫格關於花之性生活的看法，必然讓他驚喜不已，但他的想法卻被貶為「神話故事」。說什麼花提供了食物來吸引蜜蜂、還發出訊號引導牠們？真是胡扯！他最大的批評者是博學的歌德（Johann Wolfgang von Goethe），他說如果史普倫格的想法是真實的話，那就是說大自然是根據人類的邏輯而運作的。由於歌德是當時知名的思想家、作家以及科學家，他的批評暗指史普倫格的想法天真，也給史普倫格帶來不幸的傷害：史普倫格被他任教的學校以「忽視職責」為由辭退了。

當時演化的觀念還沒有出現，共同演化就更不用提了。沒有人會知道任何一件生物學的事實可能有兩種非常不同的解釋（兩種都可能是正確的）：一種是近因，另一種則是終極（演化）因。後者看似某目的或意圖，因此容易讓人以為是人類專屬的能力，也因此給史普倫格帶來麻煩。他的想法涉及終極的演化成因，好似人的意圖一般，因此當時的人想都不想就把他的意見束之高閣，他的論點也就逐漸無人聞問。直到一個世紀後，達爾文以演化的觀點讀了史普倫格的著作，便看出其中的重要性。自此，史普倫格「揭開的大自然奧祕」就提供了一個宏觀的視野來看待我們所在的星球；我想如果史普倫格死而復生，也會對自己想法所包含的巨大意涵感到懷疑。他的想法已從植物以及授粉者的層面，上升至整個生態系統的構成與運作。

這個想法於一九七〇年代受到探討時，除了之前我針對熊蜂與花朵的研究外，還包括更多內容。例如我發現不管什麼種類的個別熊蜂，都學會了針對特定植物物種的花朵，成為專門的覓食者。具備了尋找與應付花朵的技巧，將增加牠們覓食的獲益，同時又將某種植物的花粉，帶至同一種植物的其他花朵，而不是不分青紅皂白地任意選擇植物物種，也就不會造成雜交。在一塊一直生長著同一種植物的土地上，這些植物也會進行共同演化，突出其花朵的不同，好讓蜜蜂變成專家（因此成為該種植物的可靠授粉者）。

當生長季節不長時，植物會被迫在狹窄的時間範圍內開花，也給它們造成選擇的壓力，在花朵的形狀上出現趨異演化。不過每一種特徵通常可能是許多選擇壓力下的產物，也各有不同的價值，因此任何一時一地演化成果的平衡，可能從一種成果變成另一種專屬於該時該地的成果。由於我曉得這種「群落生態學」（community ecology）的觀點，因此在初春北方森林地帶看到長在封閉森林樹冠下方的花朵（例如銀蓮花）是白色或淡色時，不免有些訝異。不知道是不是因為林蔭遮擋的緣故，對蜜蜂來說白色較顯眼，從遠處就能看見？

我在與以色列生物學家許密達（Avishai Shmida）的通信中得知，猶大沙漠（Judaean Desert）中也有類似的趨同演化：各種不同的植物都擁有一種模型的花朵，也就是大型的紅花。對蜂鳥來說，紅色傳達了強烈的訊號，許多經由蜂鳥授粉的熱帶植物都開著紅花，只不過猶大沙漠中並沒有蜂鳥。

出現不尋常的型態總是讓人感到有趣，我以為自己早就不再參與授粉的研究，但許密達告訴我，一九七二年我發表在《科學》的論文是他在耶路撒冷大學講授課程中的指定閱讀，同時「該篇論文刺激了我們以全新的方式來看待花朵」。他邀請我前往拜訪，去看看那裡的花。不只如此，他還申請到經費來支付我的花費。他告訴我，我的任務是：「做我想做的事。」想到可以看見開出紅色花朵的沙漠植物以及幫它們授粉的昆蟲，我欣然接受了邀請。我非去不可！

飛機降落在特拉維夫機場，我在一群陌生人當中尋找我的朋友許密達，但沒有找著。過了一個小時，他才出現。由於以色列前總理比金（Menachem Begin）於當日下葬，造成耶路撒冷大塞車，他被困在車陣中出不來。

開往耶路撒冷的途中，我們在一處從山坡地挖出的古代台地停留，該地在古羅馬時代是釀酒之處：工人在石灰岩挖出的凹洞中將葡萄踩爛，從中擠出葡萄汁來。我看到開著鮮亮白色與粉紅色花朵的杏樹散布在山路旁；還有野生的紫色仙客來、紅色罌粟花，以及藍色葡萄風信子綻放。

我們經過一處古羅馬大道的遺址，是在大塊堅硬岩石上開鑿出來的階梯，每個階梯表面的切割都向上傾斜，如此馬車的車輪就不至於向下滑落。西元第三及第四世紀時，該道路用來運送產自貝特古夫林（Beit Guvrin）礦區的石灰，用於塗抹耶路撒冷房子的灰泥。如今石灰坑是個巨大的地下洞穴，有數以百計的寒鴉住在裡面，那是種擁有灰頸背、黑色臉以及白色眼睛的小型烏鴉。自一九五〇年左右起，牠們就開始聚居在石灰洞裡。之前牠們只是從歐洲飛來過冬的候鳥，如今由於附近乳牛共同農場的食物充沛，牠們就全年待在這裡，而不北返歐洲了。

附近的內提夫哈拉梅德赫（Netiv HaLamed Heh）合作農場，有座大型山丘，一如寒鴉棲息的洞穴，也是人為產物。那是西元前三千年至五百年間人類定居地的遺跡，如今是一座土墩，由一片片開著鮮藍色花朵的魯冰花覆蓋著，其中夾雜著一群群紫粉色的仙客來，一如在美國園藝店裡經常販賣的那種。還有鮮黃色類似雛菊的菊科植物以及卡梅爾蜂蘭也一路散布其中；後者開出類似雌蜂的花朵，以吸引蜜蜂前來。這種蘭花也會釋放類似雌蜂的氣味，吸引雄蜂前來試著與它們交配，從而讓蘭花授粉。（花朵自然是植物的生殖器官，但花朵也為動物提供性的吸引，不免讓人感到有些諷刺。）我把一根細枝插入蜂蘭的花心，拔出後枝頭帶著一小塊黃色的花粉，這就是亂交的雄蜂在拜訪下一朵蜂蘭時，可能帶去的禮物。許密達給我看另一種帶有許多微小花朵的蘭花，看起來就像蚜蟲一般。幼蟲以蚜蟲為食的食蚜蠅會在此產卵，過程中也就給蘭花授了粉。這個長久以來就因過度放牧、草皮遭到破壞的國家，歷史已有數千年之久，但這裡還是有兩千三百八十七種野生植物，維持了約一千五百種到兩千種的蜜蜂（目前有紀錄的只有八百種），不免讓人好奇，還有多少其他的授粉故事有待發掘？

一如許密達告訴我的，春季時分的猶大沙漠是一片紅色的花海，其中點綴著紅冠的歐洲銀蓮花，當它在幼年時，中心是黑色的；它們成熟後深紅的顏色十分強烈。每朵花都有雄性與雌性的部分，雌蕊要比雄蕊早兩到三天出現；由於花粉（雄性部分）只會在受精完成後約十天才發出，因此得以避免自花授粉。當完成授粉後，花朵會出現一道白環來彰顯此狀態。每朵花平均會釋出兩百萬粒花粉，適合靠風傳送給附近的花朵，以及利用昆蟲散播到較遠的地方。

我下榻的耶路撒冷公寓附近有塊空地，其中仍有許多歐洲銀蓮花（屬於毛茛科[Ranunculaceae]）盛開著，花叢中有些小隻的聖甲蟲出沒。大多數花間的聖甲蟲都吃花粉，許多在花間迅速飛過，但這些甲蟲看起來固定不動。我時常看到成對交配中的甲蟲，對這些甲蟲來說，這些花是否不只提供甲蟲過夜、同時還是幽會的場所？牠們必定要在某個地方交配，那為什麼不在一個明顯、且公告有花粉的所在，可讓雌甲蟲在產卵時利用花粉來增加蛋白質的儲備？確實如此，我觀察到雄甲蟲會找上已經有甲蟲的花朵，然後馬上就試圖與之交配。

對雄性來說，食物報償顯然只是次要的。我在這片空地檢查了一千五百四十八朵花，發現如果一朵花裡有一隻甲蟲，那麼該朵花對其他（雄性）甲蟲的吸引力要比沒有甲蟲進駐的花朵高三十五倍；因此，這些花可以說是鋪了「紅毯」來吸引甲蟲。雖然雌甲蟲會就近被花粉所吸引，但主要的動物授粉者還是追逐雌甲蟲的雄甲蟲。雌甲蟲會待在一個地方不動，雄甲蟲則不斷地從一朵花移至下一朵花，直到發現雌甲蟲為止，這顯然是種雙贏的組合。南非的那馬括藍沙漠（Namaqualand desert）還有另一種甲蟲與花的關聯：這裡的花是一種舌狀花上具有特化斑塊的菊科植物（*Gorteria diffusa*），形狀非常接近甲蟲，會讓人以為看到了真的甲蟲。

在此，不只是歐洲銀蓮花開著紅色的花朵；在美國緬因州，花形類似雛菊的植物都開著或白或黃的花朵，而在這兒，花形類同的植物則由豔紅色的、屬於毛茛科的側金盞花和罌粟科的希伯來罌粟所取代。在我美國家鄉的毛茛科植物，開的都是鮮黃色的花，而此地同屬的物種陸蓮花所開的則是紅花，一眼看去與當地的罌粟及銀蓮花頗為相似。

以色列的地中海地區約有十五種植物都演化出大型、紅色、碗狀的花朵。我們只要想想這些花與它們可能的祖先差異有多大，就可看出這種趨同演化的驚人之處。舉例來說，全球約有四百種毛茛屬植物，其中只有三種開有紅花，而這三種都生長在地中海區域。它們都開著杯狀的花朵，比起其他地方開著黃花或白花的毛茛屬植物，它們的花朵至少都有兩倍寬。歐洲的野生鬱金香主要開的是黃花，但在地中海區域，鬱金香大多數是紅色。

在單一個地理環境中，會有這麼多不同種類的植物都演化出紅色、碗狀的帶花粉花朵，是特別的。從蜜蜂的行為學研究中，我們可以預測：一旦某個授粉者被某種有價值之物（例如紅色花朵）給「勾住」了，那麼牠們就會更容易遭到其他植物的利用；前提是這些植物較為希罕，或它們開花的時間與其模仿的對象稍微錯開一些。許密達曾有過紀錄，不同種植物的花期雖然有所重疊，但它們的盛開期確實都是錯開的，在短暫的季節內，一種植物接著另一種依序開花。這種順序不是經由隨機得出的，因為這個生態群中如果有某種植物消失了，那麼其他在它之前或之後開花的植物會延長它們的開花期，以填補由消失物種出現的空窗期。

這些紅色的花朵很少是由蜜蜂進行授粉。如果它們不是風媒花的話，就主要是由粗角金龜屬的聖甲蟲提供服務。以色列海法大學的達夫尼（Amots Dafni）和六位來自其他機構的同行於一九九〇年提出報告，這些甲蟲對形狀及氣味並不敏感，但對紅色有強烈的吸引力。達夫尼和同行把各種顏色（紅、藍、黃、綠、褐、白）的無味、花狀塑膠杯放置在田野，充當甲蟲的捕捉器。從這些杯子抓到的一百四十六隻甲蟲中，有一百二十七隻都來自紅色的假塑膠花；其餘的十九隻甲蟲則平均分散在其他顏色的杯子。這些甲蟲就是我在紅色銀蓮花叢中經常看到的那種，在各種罌粟的紅色花朵中也可看見牠們的身影。花粉是這些甲蟲的可靠食物來源，牠們已經演化出尋找並使用花粉的行為。不過紅色花朵提供這些甲蟲的可能還不只是花粉，對牠們來說，紅色也是性的顏色。當甲蟲使用了最早開花植物的顏色當作訊號時，稍後開花的植物也就「利用」了相同的顏色訊號來吸引已經受到制約的甲蟲。就這樣，某種特定的選擇壓力就把其他顏色的花朵給擊敗了。

這些在沙漠中具有關鍵開花期的植物花朵，向授粉者發出了過夜招待所的招睞廣告，包括提供性與床邊早餐，這可是穩贏的組合。猶大沙漠裡的甲蟲享受了這種紅毯待遇，我們則觀賞了一齣好戲。

14 合作事業：與蟎聯手

Cooperative Undertaking: Teaming with Mites

《自然史》（*Natural History*）二〇一七年五月號

加拿大圭爾夫大學昆蟲學家馬歇爾（Stephen A. Marshall）公認是研究蠅類的權威，他描述了屬於麗蠅科的藍綠麗蠅「幾乎身體還沒著地」就開始產卵。牠們會產下一百五十到兩百批的卵，每批可多達兩千顆。在夏日的炎熱氣候下，這些卵在幾小時內就可孵化，幾天內就可發育成蠅。肉蠅科的蠅種有時還可直接產下幼蟲，比麗蠅還搶占先機。我曾計算過，在幾分鐘內就會有多達九十五隻麗蠅來到豪豬、浣熊以及土撥鼠的屍體。在攝氏三十至三十二度的氣溫下，這些麗蠅生出的蛆可在三天內將屍體吃到只剩一堆皮、骨及毛髮。

在夏天，腐屍是爭奪激烈的資源；數不清種類的昆蟲（還要加上一些哺乳動物和鳥類）彼此相互競爭新鮮的屍體，搶在其他競爭者之前將屍體吃光。在緬因州，麗蠅通常是最早解決大型屍體的，壓過其他的競爭者。但對於像小鼠、鼩鼱以及鳴鳥等較小型的屍體，屬於鞘翅目（Coleoptera）、埋葬蟲科（Silphidae）、覆葬甲屬（*Nicrophorus*）的埋葬蟲通常在抵達後會迅速將屍體移開，並埋於地下，稍後再予以消化。

大型哺乳動物擁有力量與體型，可以輕易地自行移動屍體；但要一隻埋葬蟲移動比自身體重重達兩百倍的鳥或哺乳動物屍體，並將之掩埋，需要有同伴、蟎甚至潛在競爭者的參與。

某個夏日傍晚，我注意到一隻緬因州常見的短毛埋葬蟲，在一棵松樹的樹樁上一動也不動地伸直了腳站著。牠腹部的尖端伸向天際，清楚地露出製造費洛蒙的腺體膜。這隻甲蟲應該是釋放著某種吸引伴侶的氣味。我耐心等著，不久，就有一隻同種的甲蟲以之字形迂迴朝地面飛近。無論在顏色、體型以及飛行型態上，這種甲蟲與黃茸茸的熊蜂幾無二致。要不是我讀過有關短毛埋葬蟲擬態的研究，我也會以為那是好幾種黃黑色熊蜂當中的一種。

雄性與雌性埋葬蟲在體型與外觀上幾乎完全一致；稍後飛來的那隻甲蟲，顯然是循著停棲在樹樁上的甲蟲發出的氣味而至。牠很快就找到氣味的源頭，降落在樹樁上。那隻看似處於昏睡狀態的甲蟲突然就跑向新來的甲蟲，爬上牠的背部，開始交配起來。甲蟲和其他昆蟲的交配一般都持續許久的「守護配偶」時間：雄性會維持與雌性結合的狀態達數小時甚至數天之久，以此排除或降低其競爭對手貢獻精子的機會。但這對甲蟲

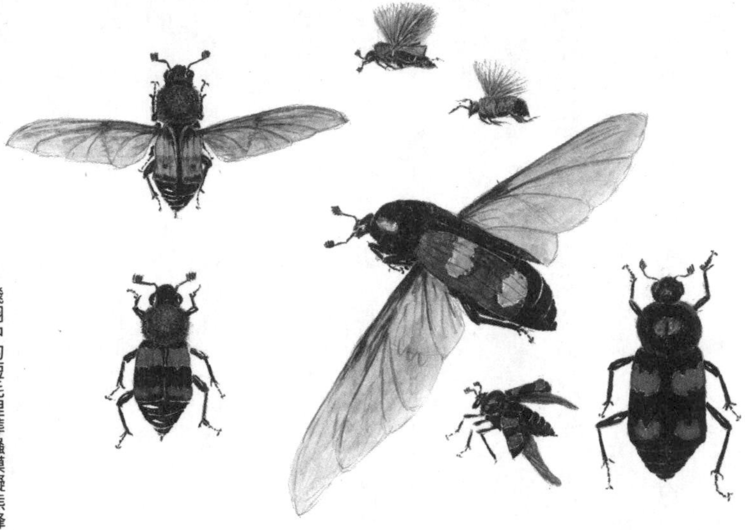

■飛翔中的短毛埋葬蟲模擬熊蜂的模樣

卻沒有表現出守護配偶的行為，而是在幾秒鐘後就分開了；新到的那隻甲蟲（根據一般的昆蟲行為準則，我以為是雄蟲）又飛走了。先前一動不動的那隻又恢復其僵硬的姿勢，將腹部朝向空中，可能是繼續飄放費洛蒙。

我對兩點有些摸不著頭緒，第一，埋葬蟲屬於非常少數的昆蟲會配對形成配偶，並使用牠們儲藏在地底的食物（屍體）共同撫養牠們的子代；但這兩隻甲蟲卻沒有表現出組成特殊關係的跡象。第二，根據一般的昆蟲準則，放出費洛蒙召喚訊息的通常是雌性，以吸引雄性前來，但在此性別角色卻顛倒了過來，抑或是我眼花看錯了？為了找出答案，我留了下來觀察進一步的發展。在短短十五分鐘內，又有另一隻同種的甲蟲飛了過來，先前觀察到的行為又幾乎一模一樣地重複了一遍。我既感到好奇，又有些不相信，於是繼續等待更長時間，結果發現在一個小時內，同樣的情況又發生了第三遍。

我後來才知道，自己並沒有看錯，雄性埋葬蟲確實會發送氣味吸引雌性前來，只不過理由並不清楚。曉得速度在搬運及埋藏屍體的重要性之後，我猜想對這種甲蟲來說，一般時間拖得太長的交配過程會被停止，以因應對取得食物的需求。這種甲蟲要趕在蒼蠅在屍體上產下蛆、又或者在屍體將被蒼蠅占領之前，將屍體掩埋；與此相比，求偶行為就可能是次要的分心之事。

我還觀察到許多其他明顯異常的情況：我經常在小鼠屍體上看到成對的配偶甲蟲，但在十幾個我檢查過的大型屍體上（從豪豬到麋鹿），卻看不到有任何成對的甲蟲。在夏天，這些大型屍體主要是由蛆給消化。反之，雞隻大小的屍體要麼是由蛆給占領，要麼就是同時布滿了十幾或二十幾隻甲蟲。埋葬蟲顯然是經由放送費洛蒙吸引同伴前來同一食餌。我就看到過九隻短毛埋葬蟲陸續來到同一隻小鼠的屍體，其中有幾隻會把尾部朝上釋放費洛蒙，但鄰近不遠的一隻白足鼠屍體卻沒有任何甲蟲光顧。顯然，除了一對配偶甲蟲餵食牠們的一窩後代外，還有更多事情發生。從觀察得知，我懷疑問題的答案與蟎有關。

大多數來到屍體的埋葬蟲身上，都帶有十來隻黃色的蟎。許多種蟎都會吸血（我曾見過蟎將一窩的霸鶲雛鳥給殺死），但埋葬蟲對於身上醒目且相對來說不小的蟎，卻沒有將其刮落或對抗的意圖。牠們之所以容忍這些蟎的存在，是因為蟎的行為對這些甲蟲有益：蟎以蒼蠅的蛋為食。

當埋葬蟲落腳在屍體上時，蟎就會從甲蟲身上跳下，在毛髮與皮表的縫隙中尋找蠅卵及幼蛆，並以之為食。這些蟎利用甲蟲把牠們帶到食物的所在，有許多隻甲蟲將身上的蟎帶到同一個屍體，於是牠們在不經意間相互幫助，不讓屍體被蠅蛆給占滿，將屍體保存下來。如果一對埋葬蟲能迅速把某個小型屍體埋葬，那麼蟎的幫忙可能就沒那麼必要；但對較大型的屍體來說，蟎就能幫這對甲蟲爭取更多時間，這點優勢是必要的。

雖然有許多甲蟲參與了食物的初期準備工作，但之後一些甲蟲會陸續離開，等到屍體被埋藏以後，通常只留下一對甲蟲。這對甲蟲會將屍體當作哺育下一代的窩巢：牠們會先去除屍體的毛髮（或羽毛），然後將唾液塗在屍體上或注入屍體內。甲蟲的唾液含有能制止或殺死細菌的物質，細菌是與牠們競爭屍體的另一個重要對手。

甲蟲的合作有許多方面都讓人困惑，但如何決定屍體所屬以及屍體的處理並不是最讓人困惑的問題之一，將屍體移至合適的埋藏地點才是。甲蟲是如何憑一己之力移動屍體，以及牠們是如何共同決定目的地、而不是各自朝不同方向搬動，彼此抵消了力量？

我做了個實驗，將五隻新鮮的白足鼠屍體放在方圓幾公尺的區域。第一天沒有甲蟲前來，到了第二天，每隻小鼠就都有一或多隻的短毛埋葬蟲照看著。為了測試牠們會移動哪一隻小鼠（如果有移動的話），我把兩隻小鼠放在一塊二十公分見方的樹皮上，並把樹皮放在潮溼柔軟的土地上。甲蟲把這兩隻老鼠從地表移走，把牠們埋進附近的軟土中。我把其他三隻小鼠放在堅硬、乾燥的地上，地表鋪了些乾細的壤土，可輕易挖開，但深度不夠將整隻小鼠埋入。在一小時內，甲蟲就將這些小鼠沿著乾燥的砂質土壤移開了十公分，來到適合埋藏的乾細壤土上。再過了一個小時，有兩隻小鼠已經遭到掩埋，只剩尾巴還露出地面；至於最後一隻小鼠只有部分遭到掩埋。負責掩埋這些小鼠的甲蟲有時鑽到屍體下方，有時又向外閒逛半公尺或更長距離；之後又回到屍體，然後朝不同方向閒逛。牠會鑽進又鑽出鬆散的草屑及土壤，然後又繼續閒逛。這種行為看似隨意，但未嘗不是個線索：顯然這些甲蟲在著手移動屍體前，會先找好適合的地點。

次日早晨，那隻由閒逛的甲蟲所照看的小鼠不見了，就連其長尾巴的尖端也都不再露出地面。我在四周挖了一遍，都找不到屍體。於是我在甲蟲閒逛了幾次的地方挖掘，結果在離原先位置八十三公分處挖到了被埋藏的小鼠，同時屍體下方還有一對甲蟲。牠們當中之一，或兩隻一起，轉移了這隻至少是牠們體重一百倍的小鼠。

我並沒有看到這些甲蟲實際在推拉屍體，而是看到屍體緩慢移動（這對甲蟲並不在我的視線內，而是在屍體下方）。於是我設計了個實驗，來找出牠們在屍體下都做了些什麼。我取了一片紗窗，把它懸吊在兩根樹樁上，讓我可以躺在下面朝上看。我在紗窗一角放置了一堆合適埋葬小鼠的土壤，另一端放了一隻短尾白足鼠的屍體和兩隻照看屍體的甲蟲。我躺在紗窗下方，看著這對甲蟲將白足鼠屍體橫過紗窗朝那堆土壤移動。較小的那隻甲蟲大部分做的是斥候的工作，另一隻則負責大部分的搬運工作。每隻甲蟲都爬進屍體下方，其背部靠著紗窗，面向土壤的相反方向，然後用腳緊緊抓住屍體，讓屍體在牠們的腳上方走動，而將屍體向前移動，自己則停留在原地。等甲蟲抵達白足鼠屍體的末端時，牠們便翻轉身來，走到白足鼠的另一端。這兩隻甲蟲一再重複這樣的操作，直到將白足鼠移至埋葬地點。牠們將屍體下方的土壤向外側推開，於是屍體就下陷進入土壤。

在掩埋屍體之後，會有一對埋葬蟲停留在牠們的地下窩穴專心撫養下一代，一連幾週都不露面。牠們會給幼蟲餵食部分消化的肉漿，直到幼蟲能自行從屍體進食為止。然後雄甲蟲會先行離去，雌甲蟲則會多待上幾日；牠們將各自重複尋找伴侶及小鼠死屍的過程。

偶爾我會看見短毛埋葬蟲停棲在樹葉及草稈上，但更多時候牠們是在飛行。大多數

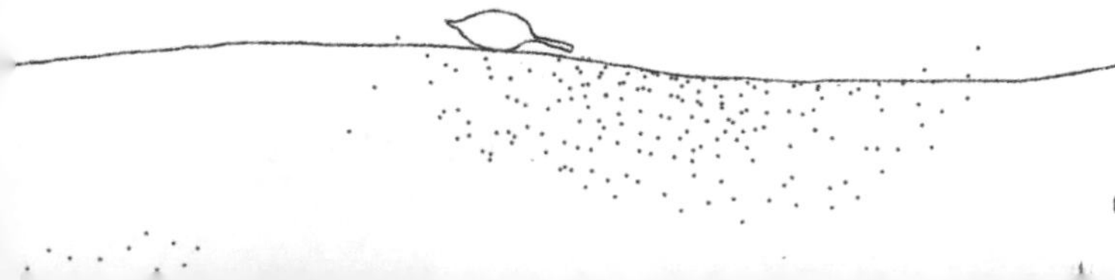

埋葬蟲物種是在夜間飛行（可能是為了安全考量），但短毛埋葬蟲這個物種卻是日行性昆蟲。由於牠們能占據白天搜獵屍體的生態區位，比起夜間飛行的物種來，具有優先找著屍體的優勢。這種優勢是由短毛埋葬蟲的某種特徵造成的。

所有種別的埋葬蟲身體都是黑色的，許多在翅鞘上帶有鮮橘色條紋；這種醒目的標記使得這些甲蟲很容易被看見。當短毛埋葬蟲開始振翅飛翔時，我們看見的卻是鮮黃色。之前已提過，這種甲蟲長得像熊蜂、行為像覓食的熊蜂，甚至發出的聲音也像。這種瞬間出現的熊蜂擬態是驚人的，之前的科學文獻中也提到過，說是黃色來自其胸部的黃絨毛。黃色確實顯眼，也是展示的一部分，但橙色的突然消失並無人提及，卻是為何？

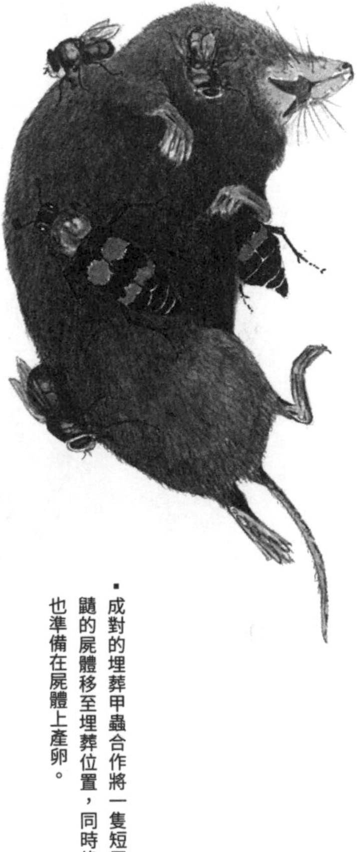

■成對的埋葬甲蟲合作將一隻短尾鼩鼱的屍體移至埋葬位置，同時綠蠅也準備在屍體上產卵。

如果我沒有觀察這種甲蟲的行為，接著又檢視了牠們的身體構造，我也會對這個問題置之不理。

短毛埋葬蟲的飛行機制與其他甲蟲不同；某些甲蟲在飛行時，其翅鞘如同機翼般向側面伸展；還有一些，例如某些聖甲蟲，其翅鞘貼近腹部上方做為掩蓋，可降低空氣阻力，以保證快速飛行。短毛埋葬蟲也一樣，其翅鞘在飛行時掩蓋在腹部，只不過正常翅鞘的橘黑色表面受到扭曲，完全翻轉過來，所以原本是向下的，起飛後就突然轉而朝上，使得隱藏的黃色以及翅鞘底面讓人盡收眼底。短毛埋葬蟲開始飛行的瞬間，就變身成飛行中的熊蜂，可以避免鳥類的捕捉而受到保護；那是因為被熊蜂叮上一下是很疼痛的事，所以鳥類不會捕捉熊蜂。這種擬態讓短毛埋葬蟲得以自由地在白天飛翔，而不像缺少這種特徵的甲蟲不敢在白天出現。發現不是尋求得來的，大多數是在不那麼熟悉的領域四處翻揀而得，就像出現在這個例子的情況。

15 豉甲：快速划水者

Whirligig Beetles: Quick Paddlers

《自然史》（*Natural History*）二〇一七年十二月號—二〇一八年一月號

在大片水面上飛掠而過，是整個北美洲的人都喜歡的娛樂之一，而豉甲（豉甲科〔Gyrinidae〕）從事這項活動至少已有兩億年歷史，從侏羅紀初期就已經開始了。如果受到了驚嚇，牠們會潛入水中並停留在水下，從牠們背部翅膀覆蓋下方攜帶的氣泡吸取氧氣。當氣泡中的氧氣快用完了，牠們會把部分氣泡擠入水中充氧（這時氣泡的作用類似魚鰓，讓水中的氧靠擴散作用進入氣泡，由甲蟲呼吸釋出的二氧化碳則向氣泡外擴散）。如果所在的水面不再適合居住，豉甲也會飛到另一個池塘、湖水或溪流。但大多數時候，這些體長約一公分、全身黑亮的甲蟲就一動也不動地停留在水面上。一九七〇年代末，我在明尼蘇達州北部的伊塔斯卡湖（Lake Itasca）經常發現數以千計的豉甲；當時我在明尼蘇達大學位於湖邊一角的田野工作站幫忙講授一門實習課。

沿著伊塔斯卡湖的岸邊，我看到在一平方公尺的水面上，有數以百計甚至萬計的豉甲集結成緊密的群落。除了我在幾公尺外用槳拍動水面，牠們會瘋狂地游動讓水面如沸騰般之外，幾乎完全不動；之後牠們會在十到十五秒鐘內重新聚集，又在原地安頓下來。這麼大批的甲蟲整天聚在一起，到底在做些什麼？我尋思著。然而到了夜裡，由個別甲蟲在靠近岸邊的湖面掠行造成的 V 字形波紋卻明顯可見，這時牠們遠離任何群落。我想知道這些個別的甲蟲來自何處，牠們又加速划向何方。我想用獨木舟來追逐這些甲蟲，或許能回答這個問題。但要追逐這些在水面快速滑行的甲蟲，需要點划船的技術，於是我邀請了沃特（F. Daniel Vogt）博士幫忙，當時他還是位精於戶外運動的生物系學生。

在接下來的三週內，這些甲蟲考驗了我們的划船技術：幾乎每個白天，有時還有晚上，沃特和我都划著獨木舟沿著二十二公里長的湖岸進行調查。我們發現了二十七個豉甲群落，每個群落的甲蟲數目從五十到二十萬隻不等，總數多達四十萬隻。日復一日，這些甲蟲都待在原地，但其數目有些增加，有些則減少。我們在白天沿著充滿田野風光的湖岸巡航時，可以看到蜻蜓在搖曳的野稻和擺動的蘆葦間跳躍，但很少看到單獨行動的豉甲。反之，到了深夜及寒冷的清晨，我們經常可見單隻的豉甲出現。我們發現豉甲是夜行性動物，這點與一般的認知不同。

在日落後約二十分鐘左右，豉甲開始移動；這時，環繞在甲蟲群落外圍的水面變得騷動不安。這些甲蟲會成群轉動一陣，然後又會安靜一陣。隨著天色愈來愈黑，群落隨之變大，這些甲蟲或單獨、或以小隊，開始離開群落，沿著岸邊呈直線前進。那些靠近我們獨木舟的甲蟲會抓住我們拍死並丟給牠們的蚊子，顯然牠們是在進行狩獵之旅。牠們不大可能只是用視覺來尋找獵物（雖說牠們的眼睛有兩部分，一部分位於水下，另一部分則在水面以上），而是使用另外一種機制：觸角。

大多數昆蟲的觸角都很長，有的還呈羽毛狀，通常用作氣味偵測器。豉甲的觸角卻很短，以人的肉眼僅勉強可見；同時其觸角演化成聲納裝置，可以偵測障礙與獵物。豉甲兩根觸角的基部都停留在水面位置，此外還有個短棒狀的部分剛好浮出水面，與空氣接觸。觸角帶有機械受器，當右側或左側（或兩側一起）的觸角由於水面的騷動而被抬起時，就會刺激位於觸角基部的神經。豉甲的腦部將觸角傳來的機械變化訊息解碼，得出水面騷動的方向與性質等資訊（Friedrich Eggers, 1927）。豉甲掠食的方式是利用一陣陣突發性的游行，也就是在夜間我們看到的那種；這種移動會造成陣陣水波，這些水波在碰上前方物件時反射回來，就能告知豉甲該物件的性質與行為。（葛里芬〔Donald Griffin〕於一九四〇年發現了相同的動物聲納原理：他證實了蝙蝠會發出陣陣聲波，然後靠反射回來的聲波來決定在黑暗中飛行的昆蟲位置。）

位於群聚附近的豉甲會以之字形或轉小圈的方式移動；牠們的移動雖然快速，前進的距離卻有限。至於離開群聚的豉甲則朝著相當直線的方向前進，速度約每分鐘三十公尺（每秒鐘約移動牠們身長五十倍的距離），足以在十三分鐘內移動〇・八公里（群落間的平均距離）。

在上半夜，離豉甲群聚一百公尺範圍內的任何一點，豉甲是朝離開群落的方向移動；到了半夜時分，移動的方向則是一半一半；到快天亮前，豉甲則主要是朝群落的方向移動。數據顯示，有些豉甲或許會在每日拂曉時，回到其原始群落。為了找出答案，我們得確認某些豉甲出自哪些群落；於是我們從一個大型群落抓了六百八十隻豉甲，並給予標記。

我們的捕捉策略很簡單：我們把獨木舟停在距離目標群落約一百公尺的地方，我們當中一位好整以暇地站在獨木舟的前端，手中拿著捕蟲網；另一位則位於船後方，將船槳朝群落的方向盡量激烈地拍打水面。手持捕蟲網者在豉甲還沒來得及散開或潛入水中前，朝群落的方向迅速揮動蟲網，進行捕捉。我們用紅漆塗在捕捉到的豉甲翅鞘上，然後馬上釋放，讓牠們回到群落安頓下來。

當天晚上，許多豉甲一如既往地離開牠們的群落，沿著湖岸上下游動。在兩天內，我們重新調查了所有之前確定過的群落位置，發現經標記的豉甲不僅出現在牠們原本的群落，同時也出現在伊塔斯卡湖兩大分支中的幾乎所有群落。這個發現顯示了豉甲可以加入任何群落，而不需要回到原始群落。接下來在豉甲群落附近的觀察，也給豉甲如何不用回到原群落，也能聚集成相當固定的群落提供了線索。我們在追蹤牠們的過程中，發現其中的機制包括彼此相隨。

許多豉甲整晚都待在群落或群落附近，以之字形移動方式在群落附近覓食。天快亮時，豉甲開始彼此追隨，牠們會形成好幾條一隻跟著一隻的長鏈，後面還不斷有其他豉甲加入。隨著隊伍當中的豉甲數目愈多，其淨移動速率也就愈慢，因為牠們會彼此圍著打轉。有愈多追隨者的隊伍，向其他地方移動的進展也就愈小。因此，成群的豉甲縮進原先的群落，群落的核心則由停留在原地的豉甲決定。

豉甲只在水面掠食，牠們搜尋並捕捉被表面張力給困住的獵物。豉甲尋找食物的能力取決於近距離的接觸，因為牠們的聲納系統只在幾公分的範圍內有效。牠們移動的速度決定了移動距離的長短，以及在單位時間內碰上獵物的數目。因此，豉甲在水面掠行的速度受到了強烈的天擇壓力，也造成了牠們高度流線型及逐漸變細的身形。其外層的油質覆蓋也可能降低了阻力。

豉甲的第一對腳作用似鉗子，專門用來抓物；後面兩對腳的作用則類似船槳：中間的一對會以每秒二十五到三十下的速度划動，同時也負責行動控制；但最後一對才是豉甲實質的推進器，以每秒五十到六十次的速度攪動水面（比蜻蜓振動翅膀的速度還要快上一倍）。

在豉甲的世界裡，水波占了極大的部分；一如對船舶的航行，波動力學在此是重要的。位於水面的物件可產生兩種波動：其中一種稱作表面張力波，是由船槳推出的波；另一種稱為重力波，是留在移動物件尾端的波（或者反過來說也一樣）。船首波提供了障礙，對速度造成阻力；船舶利用這種現象來調節相應的船速，以節省能量。同樣地，要取得最高速度以及最低能量消耗，豉甲並不是在水波上方游泳，而是在前方的表面張力波與後方的重力波之間的波谷中移動。

雖然豉甲的構造與生理解釋了牠們能力的許多面向，包括牠們如何在夜間掠食，但那並沒有告訴我們為什麼牠們在伊塔斯卡湖是等到夜間才活動，以及為什麼牠們要群聚在一起。不過牠們的其他特性，再加上比較生物學，確實提供了可能解釋的線索。

在水面上快速掠過的豉甲很容易就會被發現，因為從遠處就能看見在豉甲身體兩側水面留下的水紋。因此，在水面移動中的甲蟲會是個容易辨識的目標，靠視覺掠食的魚類幾乎不可能錯過。但如果魚能從水紋認出豉甲來，就好比鳥能認出紅色的瓢蟲，那麼牠們也會學到避開豉甲於防禦時發出難聞且難吃的分泌物（豉甲醛，一種倍半萜乙醛）。有些瓢蟲也會聚集成大型群落，其警戒色非常容易辨認，但牠們也會分泌難聞的氣味而受到保護。

對個別的豉甲來說，聚集在一起應該是比較安全的；那不僅降低了個別豉甲遭受攻擊的風險，同時也把牠們難聞的氣味給聚集在一起，加強了防禦。生活在豉甲群落附近的鱸魚或翻車魚很快就會熟悉豉甲的形態及味道，並避免吃入。但生活在大湖中心地帶、遠離豉甲群落的魚類，就可能把豉甲造成的水紋當成發動攻擊的強烈訊號。為了測試湖中心的魚是否會被豉甲吸引，我倆將豉甲用船帶到湖中心後再將其釋放。一如所料，湖中的魚跳出水面抓住這些豉甲。反之，我們在靠近豉甲群落的湖面釋放豉甲，就沒有看見任何豉甲遭到攻擊。因此，豉甲的聚集以及夜間的覓食，很可能是為了躲避魚類捕食而演化出來的防禦策略。

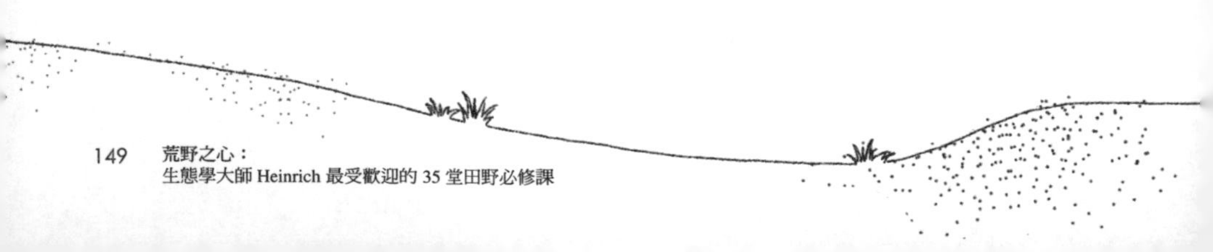

第三部

渡鴉和其他鳥類

RAVENS AND OTHER BIRDS

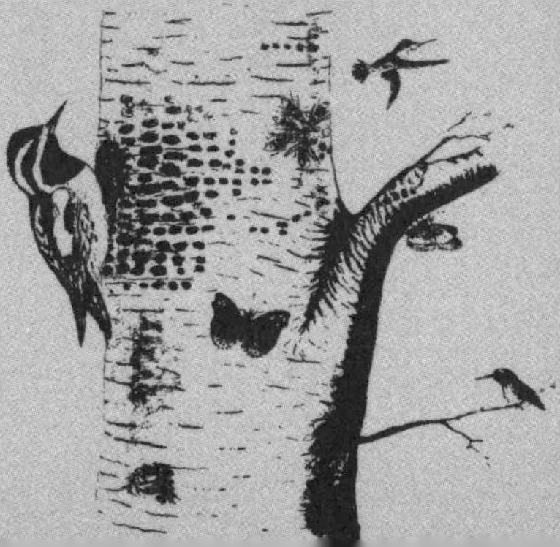

16 我心中的渡鴉

Ravens on My Mind

《奧杜邦》（*Audubon*）一九八六年三月號

雪花以螺旋形緩慢地向地面飄落，落在一枝黃花、繡線菊以及柳蘭枯黃脆乾的花冠上。就在不久之前，這些植物的枝枒上還開著黃、白和紫色的花朵，與綠色的草地輝映。熊蜂爭先恐後地在花間穿梭，彼此瘋狂地競爭花朵裡微小的幾滴花蜜與花粉；這些花蜜與花粉提供了產生新蜂后所需的食物。如今它們已埋入地下，被棉花般、具隔絕作用的雪層給輕輕覆蓋著。

樹林裡一片寂靜，白喉帶鵐、灶鶯及隱士夜鶇都已經飛往南方，如今田野間與森林裡只剩下一些不畏冬寒的鳥，好比山雀、冠藍鴉、郊狼，以及普通渡鴉（*Corvus corax*）。

一如今年冬天的許多日子，今天我的心思也在渡鴉上。我待在還沒完全蓋好的木屋中，從木頭間的縫隙向外面雪地看去。在我前方約百米處，樹林邊的地面上，是我給牠們的誘餌：兩頭小牛的屍體。要不是受到某個熱切問題的鼓舞，一連幾天待在沒有暖氣

的木屋裡，等著有哪隻渡鴉飛過來進食，可不是件好玩的事。我的問題是：所有鳥類中可能是最聰明的渡鴉，在尋找食物上是否會彼此合作？這個問題是由先前一樁讓人困惑的觀察所引起，照理說這個問題應該是由集體覓食的蜂類所引起（好比我在孩童時期在此地追蹤過的野生蜜蜂），而不是由獨居的渡鴉。

如同許多田野觀察，這個發現也是意外的驚喜。某個清冷的早晨，我外出散步。新落的樹葉上結了一層霜，我踩上去，鞋子深陷其中。我聽見冠藍鴉在上方的山脊鳴叫，一群黃昏蠟嘴雀飛過山毛櫸樹梢，這些山毛櫸的樹幹上都留有熊爪抓過的痕跡。

所有這一切都與我記憶中無數個緬因州的秋天相同，除了這會兒我聽見遠處有渡鴉的啼叫聲。那不止是一隻或兩隻渡鴉在叫，叫聲也不是偶爾有兩隻渡鴉飛過時，發出相互打招呼的聒聒聲。這些叫聲聽起來像是高頻的呼叫，好像幼鳥在牠們的父親或母親餵食時，期待食物所發出的叫聲。這種叫聲裡有興奮的意味在，而且不斷從離我約半英里（八百公尺）的同一地點發出。我不需要更淺易的語言也能了解這些渡鴉之所以呼叫，是因為牠們受到了某種事物的刺激。我循聲前往，發現了一頭麋鹿的屍體，更確切地說，是殘餘的屍體。有隻熊已將麋鹿的身體撕開，上面布滿了抓痕，但肉還新鮮。郊狼尚未來到，但同時間有超過二十隻渡鴉正在大快朵頤。

冬季在這些森林裡，你幾乎不可能錯過渡鴉，但我有好些天都沒有看到任何一隻了。某隻渡鴉可能會碰巧發現一具屍體，但有二十隻渡鴉同時發現？我可沒那麼容易相信，一定還有更好的解釋。就算這二十隻渡鴉都是憑一己之力找到這具屍體，但也不代表牠們會心甘情願地分享大餐。對於在冬天只能仰賴死屍為食的渡鴉來說，互相爭奪死屍才是更有可能發生的事，因為那攸關牠們的存活。

反過來說，合作在動物世界也是常見的事，尤其是在惡劣環境下，更是存活的關鍵。我們不難想像對渡鴉來說，採取合作覓食的策略是有好處的。如果二十隻分別覓食的渡鴉以某種方式交流，並分享各自發現的大餐，那麼任何一隻渡鴉就會有多上近二十次的機會經常享用到食物，就算每次享用的食物數量較少。在冬季，除了死屍外，牠們能享用的食物並不多。就因為死屍的數量稀少，每具死屍都會在數天內被哺乳類的掠食者及腐食者給清光。因此，對渡鴉來說，分享死屍並沒有放棄太多，因為一具屍體的大部分只是短暫的資源，很快就會被大型的肉食哺乳動物給吃光。為了測試這個理論的正確性，整個冬天我都把動物屍體擺放出去。如果是給一群郊狼發現的話，一頭鹿、一隻山羊或一頭小牛可在一夜之間就被吃光啃盡；但是由好幾隻渡鴉來吃上一晚的話，將不會留下太多吃過的痕跡。

從表面上看，靠近我住處的緬因州森林看起來與二、三十年前沒有什麼不同。當年我就對這些林地知之甚詳：在十一月初雪將臨時，白尾公鹿會四處尋找母鹿；我追蹤牠們一路穿過山毛櫸—楓樹森林，往下進入冷杉—雪松沼澤，然後又往上穿過闊葉樹林，直到雲杉覆蓋的山脊。一路上並沒有什麼大型掠食者的行蹤：沒有狼群、沒有郊狼，也沒有美洲獅；同時我很少聽到渡鴉的叫聲。

但在二十年內，情況出現了變化：郊狼與渡鴉幾乎同時遷移了進來。在我住處，經常可在夜間聽到郊狼的嚎叫聲。每天我都會在雪地上看到牠們的足跡；同時只要我在樹林裡待上十個小時，我總是會看見或至少聽見一隻在遠處啼叫的渡鴉。

對於郊狼為何會遷入並定居此地，有過許多猜測。其中最流行的說法是郊狼來自西北，填補了狼群被清除一空後留下的生態區位。問題是為什麼渡鴉也在差不多相同的時間內遷入？是否是因為兩者之間有某種關聯？

我給自己找的答案是：如果那頭麋鹿的屍體沒有先被肉食性掠食動物給撕裂開來的話，渡鴉將不可能展開進食。渡鴉確實擁有強力的喙，但就完整的麋鹿頭顱來說，除了眼睛及部分舌頭外，其他部位渡鴉都接觸不到。同樣地，牠們也無法突破鹿、山羊、小牛或浣熊的外皮。事實上，對於沒有被掠食動物給撕裂的屍體，渡鴉基本上不會碰觸。通常會有一或兩隻渡鴉每天過來做短暫巡禮，似乎是在察看是否可以開始進食該屍體了。

渡鴉與某些掠食動物有所關聯，是為人熟知的事。渡鴉會追隨狼群移動；有報告指出，渡鴉會受到狼群在完成獵殺後發出的嚎叫所吸引。因努特人宣稱渡鴉會追隨北極熊，顯然是等待北極熊進行獵殺。由於渡鴉與掠食動物的關係密切，因此牠們有可能在發現死去的動物屍體後（可能是頭餓死的動物），會發出聲音召喚腐食動物前來（可能是郊狼）。渡鴉得依賴掠食動物的獵殺，或是腐食動物將已死並埋入雪中的屍體挖出。但在我的實驗裡，所有發現完整屍體的渡鴉都保持緘默，沒有一隻試著去吸引腐食動物前來。很顯然，牠們在麋鹿屍體旁的叫喚並不是為了通報郊狼或熊。

渡鴉擁有極其豐富的叫聲，但目前並沒有牠們聲音的詞庫可查。不過在牠們常用的叫聲語族中，當發現豐富食物時的「叫喊聲」（yelling），與研究圈養渡鴉的德國科學家葛溫納（Eberhard Gwinner）所描述的「指示位置叫聲」（place-indicating call）類似。葛溫納從剛長羽毛的年輕渡鴉觀察到指示位置的叫聲，顯然是告訴父母自己的所在；此外在巢中的雌鴉也會發出這種叫聲。如果說渡鴉會合作尋找食物，那麼牠們在發現豐富的食物時，發出這種叫聲也是合理的。

這種叫聲具有強大的吸引力是無庸置疑的：我在一頭被撕裂的鹿屍旁錄下了渡鴉的叫聲，然後在沒有食物的地方回放。有好幾次，渡鴉直接在我頭上飛過。如果渡鴉不想要分享食物，那牠們就只要保持緘默即可。在有許多渡鴉聚集的屍體旁，確實偶爾會有爭執發生，但大多數時候，幾十隻渡鴉就只是在腐屍旁同時進食。

從清晨起我就待在木屋裡向外看，屋裡又擠又冷，考驗著我的科學好奇心。我熱切期待至少看得到一隻光滑發亮的渡鴉，聽到牠拍動翅膀的嗖嗖聲。我可能要等上好幾小時，甚至好幾天，才會有一隻渡鴉的到來，但到時候總是會有一隻出現，屢試不爽。只不過牠到來以後會有些什麼舉動？還有其他的渡鴉什麼時候也會前來？

有時過了兩天也沒有一隻渡鴉前來。不過今天早上九點四十分時，有隻渡鴉飛了過來。牠轉了一圈回來，停在空地附近待了二十四分鐘，發出指示位置的叫聲，以及平常的聒聒聲，就離開了。三小時後，牠（也可能是另一隻）回來了，還帶了一位同伴，繼續呼叫。中間牠們安靜了一個小時，然後又開始呼叫。到了近黃昏時分，我同時看見了四隻渡鴉。

這些渡鴉裡沒有一隻飛下來接近誘餌。突然有隻渡鴉發出奇怪的扣扣聲，聽起來像是在敲一只金屬做的鼓。鼓聲斷斷續續了好幾分鐘，然後有隻渡鴉從附近樹林裡走了出來，在牠幾乎要碰到其中一隻小牛的屍體時，又害怕似地急忙飛了回去；只不過幾秒鐘後牠又回來再度做了嘗試。這隻渡鴉看起來既害怕又飢餓。像這樣奇怪的小牛屍體，很可能是為了郊狼而設下的陷阱。這些渡鴉是否是從之前的經驗得知可能會有危險？那天，這些渡鴉退卻了，沒有一隻對小牛的屍體出手。

次日清晨，我準備開始繼續監視，有隻渡鴉已經在鄰近的樹林裡呼叫了。整個早晨，

我間斷地聽到更多渡鴉的呼叫聲，偶爾會有一隻渡鴉俯衝下來，在誘餌上方飛過。經過幾段長時間的空檔，附近似乎一隻渡鴉也沒有，然後又有更多渡鴉出現。到了近午時分，有六隻渡鴉突然現身，其中四隻同時飛了下來，形成方陣，小心地並排步行朝向屍體前進。牠們伸長了脖子向前走近，直到其中一隻啄了屍體一下。牠們同時於瞬間跳起，飛了開來；但在十五秒內，這四隻又重新集結，重複了同樣的動作，只不過這次有另外五隻也飛了下來，加入牠們。

看起來所有這些渡鴉都想要進食，但沒有一隻敢做第一鴉。這九隻渡鴉排成一大圈一起前進。當其中一

■渡鴉，空中的特技演員。

隻啄了小牛屍體一下後，牠們又都再次飛開，然後又重新集結，開始下一回合的前進。在短暫連續重複了幾次以後，牠們終於停留下來，開始進食。到了近黃昏時分，至少有十二隻渡鴉各自來來去去。

原先零星飄落的雪花開始形成了暴風雪，到了次日清晨，小牛屍體已被雪掩埋。除非這些渡鴉能剷雪，否則牠們享用的短暫大餐就到此為止。

前一晚的積雪厚達十三公分，但天一亮這些渡鴉就回來了。有六隻渡鴉停在被雪覆蓋的雲杉樹枝上，牠們用喙梳理其蓬鬆的羽毛，發出輕軟的聒聒聲，其餘的則從附近的樹林裡發出叫聲。牠們反覆飛越被雪掩埋的小牛屍體位置，其中一隻飛了下來，緊張兮兮地跳上跳下幾次，就又飛走了。到了六點鐘，所有渡鴉都離開了。等確定一隻渡鴉都看不到時，我帶著卡式錄音機和擴聲器走出木屋，躲在雲杉的枝枒下方，播放之前我錄製的渡鴉叫聲。在我播放的六次當中有四次在播放後的十五秒鐘內，就有一或兩隻渡鴉在我頭上出現。我從未見過比這些渡鴉更美麗的景象。之前我已經曉得播放這些錄音是有效的，但其蘊含的意義是如此重要，讓我不得不一再嘗試。對我來說，每次都像是奇蹟發生：這些渡鴉在招募同伴一起享用大餐！

次日晚間郊狼來了：前一天晚上我就聽見郊狼在附近的山脊嚎叫，牠們的故事寫在雪地裡。郊狼成群結隊地前來，短短兩天內就把小牛屍體一掃而空。那麼這些渡鴉的下一餐要吃什麼？我在好些冬天走過的樹林中，最多只發現一具屍體；因此我並不羨慕渡鴉的工作。

當天晚上，我終於點起木屋的爐火時，我的內心早已從觀察到渡鴉的分享食物行為中感到萬分溫暖。渡鴉的這種行為不但真實，且比我之前所預想得更為重要。那不僅是讓每隻渡鴉都有食物吃，同時在進食不熟悉的誘餌時，還可能降低了個別渡鴉所察知的風險。

如今我腦海裡想的是蜜蜂，牠們更有可能前往已經有其他蜜蜂正在進食的地方。牠們使用氣味而不是聲音，來做短距離的同伴招募。那渡鴉是如何從那麼遠的距離外招募同伴的呢？渡鴉是否會在其群棲處「跳舞」來煽動或邀請追隨者？牠們類似敲鼓的叫聲到底有什麼作用？沿著山脊飛過的渡鴉轉頭看著我，牠們看起來比之前藏有更多的祕密。

尾聲

上述觀察為我後續的研究做了準備，我繼續研究了渡鴉的分享行為，以及許多其他的行為。渡鴉的分享是真實存在的，但在成功捕捉了幾隻渡鴉，並予以標誌可供辨認後，我發現牠們的分享可能還是基於自利的動機。渡鴉不是利他主義者，牠們之所以這麼做，是因為那對牠們自己也有好處。同樣地，我為渡鴉的研究招募了許多助手，他們都付出了相當大的努力，因為該研究也給他們帶來了報償。

17 別再用鳥腦袋罵人笨蛋了

A Birdbrain Nevermore[7]

《自然史》（*Natural History*）一九九三年十月號

古代維京人把渡鴉尊為神的使者；西北太平洋區美洲原住民的神話中，賦予渡鴉恩主公的角色；甚至在今日的愛爾蘭，智者被視為擁有「渡鴉般的學識」。渡鴉究竟是如何取得這樣的名聲？這種鳥真的聰明？我們說的動物智慧究竟指的是什麼？我們要如何測量智慧行為，並與本能或從學習得來的行為區分？

我們對智慧行為的潛在認知，不是在行為表現，而是在意識，而意識是幾乎無法直接測試的。雖然如此，愈來愈多的科學探討以動物意識為對象。紐約市洛克斐勒大學及哈佛大學的動物學教授葛里芬使用意向來定義意識：「意向是腦中關於未來事件的影像。產生意向者想像自己是參與者，並選擇將哪個影像帶入現實……腦中影像的存在，以及可被動物用來調整其行為，給意識提供了一個實際可行的定義。」

最早試圖在人類以外的動物身上，顯示這種有意識洞察力存在的，是德國心理學者柯勒（Wolfgang Köhler）；一九一七年，柯勒報告了一些在當時屬於非凡的觀察結果。柯勒將六隻飢餓的黑猩猩關在一間屋子裡，以及一根掛在黑猩猩搆不著高處的香蕉；此外，屋內還有一只木箱。大多數黑猩猩都急切地往上跳，試圖抓住那根香蕉；但其中有隻黑猩猩卻止步不前，然後將木箱推至香蕉下方，再爬上木箱，就抓住了香蕉。這到底是幸運的巧合、本能、學習，還是洞察力的展示？一九八四年，哈佛大學的研究人員給鴿子做了香蕉測試的變化版。一如黑猩猩的例子，這些鴿子可以推動一根桿子來拿到食物，但牠們必須先學會移動桿子，然後跳上桿子才行。在沒有事先學習下，沒有任何一隻鴿子自動想到這種做法。也就是說，如果沒有公開示範給牠們看，沒有哪隻鴿子擁有正確操作的洞察力。

鳥類擁有洞察力的假設，至少在五十年前就有人提出過：好些研究人員描述了關在籠裡的雀鳥及山雀等鳥類，會拉動繩子讓食物朝牠們靠近；但這種行為可以是經由學習而逐漸發展出來的。為數不多的幾篇這類行為報告中，都顯示了緩慢的學習過程，而不是突然出現的表現飛躍，好似這些鳥的腦中突然閃現出問題的解答那樣。我接下來要談的，自然是渡鴉。許多人願意相信渡鴉這種了不起的鳥類擁有智慧，因此我要在此說說

譯注　7 英文裡 birdbrain 是笨蛋的意思

我的偏見。我喜歡渡鴉以及牠們的近親烏鴉，但我對牠們的欣賞，不會因為牠們的行為是否受到本能、學習、演化程式，或上述三者組合的影響，而改變分毫。在不同動物（包括我們人類）的不同行為中，必定都用上了上述三者的不同組合。

不論源自何處，渡鴉的行為確是非凡的。話雖如此，但我也要大膽地說，目前並不存在有關渡鴉智慧的已發表證據。迄今為止，渡鴉的聰明並不是一項事實，一如虛構故事中說渡鴉狡猾、擁有神力、愛惡作劇，以及具有幽默感等，也都不是事實；縱使千百年來，上述特質都被人接受為事實。那些被認為是渡鴉智慧的行為表現，也都可能由其他的假說解釋得通。

對於許多這種關於渡鴉智慧的報告，我都用過這種保守的解釋方法。例如最近一篇發表在鳥類學期刊的文章中，描述了兩位研究人員在爬上位於沙漠峭壁上的渡鴉窩巢時，有對渡鴉朝他倆丟石頭。這對心煩意亂的渡鴉父母停留在侵入者的正上方，鬆動石頭，朝他們砸去。這種說法聽起來沒問題，但這真的是渡鴉在面對威脅時，經過算計的反應嗎？有這個可能，但更簡單的解釋可能也就夠了。在緬因州和佛蒙特州，無論什麼時候我朝樹上渡鴉的窩巢爬去，通常留在巢裡的公鳥、母鳥或牠們兩隻會一起飛到靠近我的樹枒，表達他們的憤怒，同時粗暴地劈打任何靠近牠們的物件。由於這些渡鴉的巢在樹上，因此牠們與住在峭壁邊的渡鴉不同，牠們能抓住的是一些樹枝。牠們停在附近的樹上，並沒有在我的正上方。牠們扯斷的樹枝都掉落在地，並沒有打到我。因此，出現丟石頭動作的渡鴉基本上也可能與住在樹上的渡鴉一樣。由於情境的不同，在峭壁上落石的行為看起來像是擁有智慧，而同樣的行為在森林裡卻顯得不理智。

第二篇發表的報告中描述了渡鴉在草地上跳上跳下，而雪地下方有田鼠挖的隧道。報告作者的結論是渡鴉的跳動乃有意為之，目的是將田鼠趕出地面。但我曾觀察過數以百計的渡鴉在接近可能的食物時相當緊張，而表現出跳躍的舉動。無論地面上有沒有雪，無論牠們是在死去的浣熊屍體旁，或是任何陌生物件旁，牠們都會這麼做；有時牠們就只是受到了驚嚇。或許這是一種演化出來的行為，可讓牠們引發反應，以分辨活生物及死屍體。

另外一類經常顯示渡鴉擁有智慧的「證據」的報導，是關於牠們的合作，來達成共同的合理目標。常見的場景如下：有隻抓著食物的掠食者（好比狼、狐或猛禽），讓一對渡鴉覬覦不已。其中一隻渡鴉可能會偷偷跑到進食中掠食者的後面，啄或咬牠的尾巴。當掠食者轉身面對攻擊者時，另一隻渡鴉就趁機衝了過去，抓走食物。這種事過一陣子就會發生，經常被用來當作渡鴉擁有遠見及智慧的例子。但是渡鴉（以及烏鴉）在沒有食物的情況下，也會以同樣的方式去騷擾狗及其他掠食者（但不會對同伴這麼做）。我養的寵物烏鴉就有習慣去咬我鄰居養的狗的尾巴，多次逗得我發笑。經我馴服的渡鴉也同樣會接近陌生或可能有威脅的物件及動物，並咬上一口。當有好幾隻渡鴉發現有隻猛禽正在吃魚，牠們會在附近徘徊，等待空檔。其中一隻渡鴉可能會以各種理由去咬一下猛禽的尾巴，另一隻渡鴉則趁機奪走大餐。這種出色的合作並不需要使用深謀遠慮的說法；看準機會出手的洞察力確實可能存在，但沒有真正顯示出有意識的合作。

不過有些行為卻不是簡單的解釋可以說得通。渡鴉、烏鴉、冠藍鴉、啄木鳥、山雀以及美洲紅腹鳾在進食板油時，通常會採取隨啄隨食的策略，撕下可以一口吞進肚中的量。在我佛蒙特州住家附近有對渡鴉經常前來找板油吃，但有人在時，牠們都很緊張，試圖將停留在房屋附近的時間減至最低。有天，我不小心把那對渡鴉當中的一隻嚇跑了，當時牠正在吃一大塊冷凍的板油。我發現這隻渡鴉並不是使用啄食的方式，一次吃一小塊脂肪；而是在板油塊上鑿出一條七．五公分長、超過一．二公分寬的凹槽，槽邊還留著脂肪的碎片。如果說那隻渡鴉的目的只是求當下的滿足，那牠大可以就在那裡吃個痛快。但是牠把板油挖出一大塊並將其帶走（如果沒有被我嚇走的話），牠就可以享有比在當下小口小口吃、多上更多的板油。顯然牠為了稍後能享用更大的報償，而犧牲了當下的滿足，且花費相當的力氣和時間去完成。該隻渡鴉鑿取板油的行為，看起來是牠在比較了即時與延遲的報償、並得出完成的步驟後，所制定計畫的鮮明寫照。但那還不是證明。

於是我設計了實驗，來測試有意識的洞察力在行為中可能扮演的角色。我需要給動物一個簡單的任務，其中需要許多個分開的步驟。此外，在動物完成部分任務下，也不給予獎賞，因此可以排除一步步學習的機會。（這種做法與一般的學習範式大不相同，通常研究人員或訓練員是以獎勵的方式一步步制約動物，讓牠們學會完成任務的行為。）

我最先選擇的測試對象是人工養大的美國烏鴉；我把這些烏鴉關在一間戶外的鳥舍，緊靠鳥舍的是我住家的一扇單片玻璃窗。鳥舍中除了有一長條水平的棍子可供烏鴉停棲外，還養了些小樹。我給這些馴化烏鴉一個簡單的機械問題，需要牠們拉動一根繩子來操控位於遠處的一塊肉。我把肉以一條有六十四公分長的繩子懸吊在那根水平的棍子上。絕大多數的小孩（我從詢問他們得知）都能輕易想出取得那塊肉的辦法：對鳥來說，牠得先站在肉上方的棍子上，用鳥喙向下拉起一段繩子，然後用腳踩住繩子固定，鬆開鳥喙，再次向下拉起一段繩子，一再重複這種系列動作二十多次，直到肉被拉到棍子上為止。所有這些步驟都必須按照順序完成。由於每一個機械步驟都出奇簡單，因此整個任務也是簡單的，前提是這個動物得有洞察力。對繩子與肉的連結以及如何能利用繩子取得肉沒有概念的鳥來說，這個問題就變得複雜了。我懷疑一隻沒有經過長時間努力學習過程的鳥，是不可能解決這個問題的。

當我把肉掛在那裡時，我養的兩隻烏鴉（我有一天沒有餵牠們了，所以都很餓）馬上就對食物產生強烈的興趣。牠們飛過去檢視那塊肉，用喙去啄和拉固定在棍子上的繩子，就像小孩子告訴我，如果他們是隻鳥的話，也會這麼做。但過了十五分鐘後，牠們就對繩子上掛著的肉不聞不問了。過了一天，我持續從玻璃窗觀察這兩隻烏鴉，好百分之百確定我沒有錯過任何事。終於我不再觀察牠們，但讓肉一直掛在那裡，過幾天後再予以更換，提供牠們各種好吃的食物，掛在繩子上。三十天過後，食餌還掛在那裡，這些烏鴉沒能想出取得食物的方法，之後牠們就予以忽視了。我確信如果我使用夠短的繩子，讓牠們只要拉一次就能搆著肉的話，牠們將很快就能學會。但我沒必要這麼做，我感興趣的是牠們「知道」些什麼，而不是牠們能不能學會（牠們能學習這點我是確定的）；一如我知道蜜蜂曉得如何製造和儲存蜂蜜，因為牠們的本能已經幫牠們設計好了。

這些烏鴉對肉是感興趣的，只要我把肉拉起來放在棍子上，牠們就會抓住肉，並想帶著肉飛走。但每一次牠們這麼做了，還飛不到半公尺多，肉就會從牠們的鳥喙中被拉走；牠們不了解那塊肉是被綁在什麼東西上的。不過這兩隻烏鴉分別經過五到九次的嘗試後，牠們就不再想飛著帶走那塊肉，而是就在棍子上吃了起來。如果在進食時牠們被迫要飛起來，牠們都會先把肉放掉。這點顯示了牠們很快就能學會怎麼樣不讓食物被搶走，但還是沒法得出結論：牠們可以使用繩子將肉拉上來。由於我謹慎小心的偏見，這樣的結果正在我的意料之中。

接著我在五隻被馴化的渡鴉身上進行了同樣的實驗，這些渡鴉關在先前烏鴉待過的戶外鳥舍，也馬上就開始檢視那塊吊著的肉；但牠們給我的印象是，雖然未能馬上拿到那塊肉，其興趣並未稍減。與烏鴉不同的是，這些渡鴉會不斷地看著那塊肉，似乎在研究這種情況。在過了將近六個小時後，有隻渡鴉飛落到棍子上，往下拉起一段繩子，用腳踩住，再往下拉起另一段繩子，就這樣一再重複拉、踩、放、拉的步驟，直到搆著肉為止。我大為驚奇，我曉得那隻渡鴉不可能「練習過」，因為我一直沒有間斷地觀察了牠們六個小時。那隻渡鴉第一次嘗試就毫無瑕疵地完成了所有步驟；在牠拿到肉還來不及吃時，我馬上就把牠從棍上趕走。當牠飛開時，很自然地把肉給丟下。過了幾秒鐘，牠又飛了回來，急切地利用繩子再把肉拉上來；這下子可是趕不走牠了。每一次我把牠趕走時，牠都會先放下肉才飛走，這也顯示牠拉繩的行為不是僥倖獲得的。就我對這隻被捕獲渡鴉的背景所知，這樣的行為是牠曉得如何拿到肉塊的客觀證據。還有就是，牠的行為也證實了牠不用嘗試或練習，就曉得飛開時要把肉給放掉。

五隻馴化渡鴉裡還有三隻（牠們的翅膀上都標誌了明顯的數字標籤）也跟著做了，顯示出突然熟練的拉繩技巧。雖說這三隻渡鴉有可能師從了第一隻渡鴉，但我懷疑這一點，因為第一隻渡鴉使用的做法是把繩子直接拉上，並固定在同一點；反之另外有兩隻渡鴉使用沿著棍子側邊的拉法將繩子拉上。從觀察中學習並沒有排除這些渡鴉自己擁有的洞察力，因為其中的關鍵操作：腳趾使用適當的力道把繩子按住，固定在棍子上，是肉眼看不到的。一如第一隻渡鴉，其他幾隻在飛走時，也都沒有試著把拉上來的肉帶走。

科學中人嚴格遵守的原則是：首先使用最簡單的假說；如果該假說與事實不符，那就測試下一個最合邏輯的假說。上述結果的最簡單解釋，就是這些渡鴉採用了和我們類似的思維方式來解決這個問題，牠們的行為受到了腦中提供連結的畫面指導，也就是洞察力。如果牠們不是使用了這種能力，那麼他們的作為就真的讓人十分困惑。我試著想反駁牠們「知道」這個事實，首先我需要嘗試去欺騙牠們。

成功完成上述任務的渡鴉是否會自動地把繩子和食物產生關聯，以至於不先檢查繩子上是否有肉塊就把繩子給拉上來？我在棍子上綁了兩根繩子，彼此相距兩到五公分。其中一根繩子吊著一塊肉，另外一根則吊著等重的石塊。如果牠們沒有洞察力，而只是從學習得知把繩子拉起就會出現想要的食物的話，我預期兩根繩子被拉起的頻率應該是一樣的。但在一百次的測試中，這些渡鴉一次都沒有拉起過石塊。在匆忙中，這些渡鴉經常會碰觸到錯誤的繩子，啄起並短暫拉動。我發現在探討這些渡鴉的行為基礎上，這種錯誤正是最有用的。通常牠們只要拉動一次繩子，就能曉得要不要繼續拉完。我的感覺是這些渡鴉會往下看著那塊肉：如果肉動了，代表牠們拉對了繩子；如果是石頭動了，牠們就會馬上放開，修正錯誤。

在牠們學會先觀察、再拉動繩子之後，我就能夠更準確地測試牠們是在看什麼以及看到了什麼。我把兩根繩子交叉，以細線固定。有兩隻渡鴉在第一次拉動繩子時都會拉錯，但牠們後來還是拉了正確的繩子。牠們在做選擇時的固定性讓我驚訝，因為連續二十次牠們都犯了同樣的錯誤，好似牠們不但無法學會，同時還不會試著去拉另一根繩子。換句話說，想要克服洞察力，學習事實是必要的。在這個例子，渡鴉根據的是錯誤的洞察力。牠們的行為並非隨意為之，就算大錯特錯，牠們似乎仍確信自己是對的。另外兩隻在交叉繩子實驗中沒有犯錯的渡鴉，從一開始就是如此。因此，相同的公開行為根據的是兩種不同的內在思維：「拉動位於食物上方的繩子」或「拉動與食物相連的繩子」。

到此為止，這些渡鴉只經驗過麻繩，但拿到肉塊並不只是拉起麻繩，而是將食物與棍子連在一起的任何東西。究竟這些渡鴉是真的曉得了這個關鍵點，又或者牠們只是把麻繩和食物進行了關聯？於是我給了牠們一個選擇：用綠色絲線綁上肉塊，麻繩綁上石塊，這時牠們就只會拉動從來沒見過的綠色絲線。牠們曉得關鍵點所在，就算牠們從來沒有從試誤中學習過。

接著我把這些渡鴉已經在吃的一個羊頭也掛了上去，靠近另一根掛了一小塊肉的繩子。我曉得渡鴉不可能拉得動沉重的羊頭，更不要說用單腳把繩子壓住固定了（就算雙腳也不成）。問題是這些渡鴉在沒有試過之前就知道嗎？牠們之前的成功是否只是隨意做了些機械動作，就神奇地導致了食物的出現？一如既往，這些渡鴉再一次讓我感到驚訝：牠們一次都沒有試著去拉那顆羊頭。

我的五組觀察與實驗提供了極為可信的證據：某些渡鴉的腦中能對至少一個問題及其解答形成影像。學習確實發生了，但硬要說渡鴉的行為與洞察力無關，卻不是這些觀察能解釋得通的。雖說洞察力可經由學習取得（這至少是我們這些當老師的人衷心期望的），但渡鴉的實驗結果顯示，洞察力也可能出現在學習之前。

之後，我把同樣的測試用在兩組從野外捕捉的渡鴉上：每組各有十四及十三隻渡鴉，關在緬因州一座大型的室外鳥舍中。只過了十四分鐘，就有一隻渡鴉熟練地拉起了肉塊。但最後兩組渡鴉裡分別只有三隻和四隻曉得如何獲得獎品。這種表現上的差異顯示這種行為不是本能，可能也不是從觀察中學習得來。有時候，是例外證實了規則。

尾聲

在這個事例，顯示洞察力的科學發表可能才是個例外。我在研究生期間，就在《動物行為》（*Animal Behaviour*）這份國際期刊發表過一篇文章。文中描述了天蛾毛蟲如何在不移動位置的情況下，搆著並吃掉牠們的腳到不了的一片遠處葉子。我的論點是，看似有目的的行為，可以用兩個純屬本能的機械法則來解釋。我的那篇文章馬上就被接受發表了。

至於描述渡鴉拿到繩子上掛著肉的行為，並顯示其中有洞察力存在的實驗報告，我於一九九一年七月也送交給同一份期刊發表。在經過五次看來有些過分拖延的回應後，該期刊以及後來投送的另外兩份動物行為期刊都拒絕了這篇文章，理由是說我沒有提供洞察力的「客觀定義」，可以讓實驗數據做對照驗證。我確實沒有提供洞察力的客觀定義，因為我曉得沒有什麼客觀的方法可以定義腦中發生的事。反之，我認為我的實驗結果可能提供了洞察力是什麼的第一份客觀定義。我的文章終於在一九九五年被一份鳥類學期刊《海雀》（*Auk*）接受發表了。

18 渡鴉以及難以接近的
Ravens and the Inaccessible

《獵戶座》（*Orion*）一九九五年秋季號

想要了解一種野生動物是困難的事，對科學家來說尤其如此；因為科學家必須保持無偏見，而且不能先入為主地認為野生動物會像人一樣，就算我們知道人也是動物之一。美國作家與自然學家貝斯頓（Henry Beston）曾說過：「動物不是我們的同道，也不是我們的下屬，牠們屬於其他國度，與我們在生命與時間之網中相遇，是同樣被監禁在地球上傑出以及艱苦的獄友。」長達十二年之久，我試著去了解所謂普通渡鴉（*Corvus corax*）的國度。我想通過牠們的眼睛來看這個世界，為此我必須先要去了解牠們。我必須前往牠們的國度。就算在那裡，牠們也是害羞的，因為許多世代以來，牠們被逼著要躲開人類。由於牠們被指控為綿羊殺手，因此被人下誘餌毒殺；此外，牠們也被當成「害獸」捕獵。在新英格蘭地區，渡鴉曾被逼至瀕臨絕種；少數殘存的渡鴉在偏遠的山邊峭壁築巢，以遠離人類的窺伺。

令人高興的是，由於羊群養殖業的瓦解，渡鴉不再被誤以為是邪惡的綿羊殺手而遭到追殺，於是牠們又逐漸靠近與人類接觸的距離。我最近發現的渡鴉巢是在一棵松樹上，就位於緬因州法明頓市一家汽車代理商停車場的後面。

三十年前，我在一座偏僻高山湖旁的一棵高大的白松木上，第一次看到鳥巢；那是一對潛鳥的巢（如今仍在那裡，年年不變）。當時是三月天，我沿著長了羽葉的湖邊走在堅硬的雪上，看見兩隻帶有楔形尾巴的大黑鳥。牠們洪亮的刺耳叫聲讓我確定牠們的鳥巢就在附近，我也很快地在一棵較大的松樹樹冠上發現了鳥巢。樹下的雪地上散落著新折的美洲白楊枝條，那是從鳥巢所在的平台掉落的。兩隻鳥在離我一定距離處轉圈子飛翔，當牠們轉彎時，我看見陽光在牠們發亮的翅膀閃爍，閃現出金屬的光澤。牠們的叫聲變化甚多，從低沉、拉長、聽起來憤怒的叫聲、刺耳的呱呱聲，到一連串短暫、高頻、笛聲般的鳴叫，再到木琴般的斷音。當時我對這些叫聲代表著什麼意思，一無所知；直到今日，大部分也還是不知。

這種鳥的家居生活奇觀十分誘人，卻也遙遠得很，難以接近，以至於刺激了我的想像力。我對於鴉科動物奇特性的愛戀火苗，是由我孩童時養的一隻寵物烏鴉所種下；如今再次被點燃，變成熾烈的熱情。多年後，在一頭麋鹿屍體旁圍了一群熱情非凡的渡鴉，我對渡鴉是否、如何以及為何分享食物大餐感到好奇。為了回答這些問題，我從出生不久的幼鴉開始養起，並與牠們生活在一起。在朋友的幫忙下，我把死產的小牛、天年已屆的母牛，以及被路殺的鹿或麋鹿，拖進被雪覆蓋的緬因州森林深處。我和馬茲拉夫（John Marzluff）、其他朋友及同事一共捕捉、標誌並釋放了四百六十三隻渡鴉，藉以標繪出牠們的行動路線、互動以及特性。其中有些問題的答案已經發表在學術期刊供人研閱。

但是想要真正了解野生渡鴉，我得就近觀察牠們的家，觀察牠們怎麼撫養下一代。在隔著一段距離研究渡鴉的許多年後，我才有第一次機會一窺渡鴉的窩巢。因緣湊巧，我在一座峭壁上發現了一個渡鴉巢，同時從相連的另一座峭壁頂上可以觀察得到。林地一路生長到峭壁邊緣，我就在那裡搭了一個藏身的所在；我在深層的積雪地裡挖了一個洞，洞口覆蓋了雲杉和冷杉的樹枝。那時是二月下旬，從我埋伏處的窺視孔，可以毫無阻攔地看到下方約十公尺遠的鳥巢。為了不驚動渡鴉，直到四月底幼鴉孵化前，我都沒有冒險接近我那矮小的臨時小穴。一如既往，我前往該處時引發了渡鴉的警報。等到牠們離開了，我便鑽進我的埋伏處；我做好了等待的準備。

美國作家婁培茲（Barry Lopez）曾寫道：「如果你想對渡鴉有更多了解，就找個玄武岩峭壁之上、面對渡鴉住處有個居高臨下的視野的所在，把自己埋進沙土裡。你只能讓你的眼睛露出來，還不要眨眼……」從我之前的經驗中得知，這句話只有半對：在渡鴉敏銳的視覺範圍內，就算只露出一隻眼睛也會被發現。渡鴉天性謹慎。我讓自己靠著洞穴的底端躺平，一連好幾個小時，眼睛幾乎一眨也不眨。那是個溫暖的春日，第一批林鶯已返回，其中包括黃腰白喉林鶯、黑白苔鶯、黃眉灶鶯，以及橙頂灶鶯。同樣的空氣中一下子充滿著各種鳥的鳴叫聲：紅翅黑鸝的真假變聲吟唱幾乎被樹蛙的大合唱給淹沒，後者又被麻鷺發出的週期性的響亮叫聲（卡桑克、卡桑克），以及威氏田鷸的嘶叫挑戰聲給打斷。一隻冬鷦鷯在我洞外堆積的樹枝叢間尋找小蟲，接著冒出一陣響亮的疊句聲；同時有另一隻東方霸鶲在靠近峭壁下方的枯枝上鳴叫。不過無論成年還是幼年的渡鴉，都保持沉默。我向下偷看那長出如鬍碴般幼羽的四隻粉紅色渡鴉幼鳥，牠們軟綿綿的身軀擠成一堆，躺在以蓬鬆鹿毛墊著的窩巢底部，偶爾輕微地扭動一下。牠們在睡覺。

一陣由強有力翅膀拍動發出的尖銳飛翔聲，經過峭壁的反響，好似從鼓面發出，把我從幻想中驚醒。一隻渡鴉停落在窩巢邊的一根粗乾樹枝上，四隻幼鴉突然從伏巢模式伸出頭來，牠們張開的鮮紅小嘴前後移動，好似在微風中擺動的鬱金香，伴隨著喧噪的祈求聲。在不到一秒鐘內，大鴉就將其鳥喙伸入其中一隻幼鴉張開的喉嚨裡，迅速從其嗉囊反芻出肉來。幼鴉貪婪地吞下，發出微弱、類似轉動馬達的聲音，然後就回縮伏窩，讓下一隻幼鴉接受餵食。

其中一隻幼鴉向後退向窩巢的邊緣，試著從巢邊上方解手。牠第一次成功了，但第二次卻沒成；大鴉輕柔地啄起白色的糞團，吞了下去。接著牠仔細檢查了窩巢，撿拾其他的可回收物。之後大鴉飛到下方的一棵美洲白楊樹上，牠的伴侶接過牠在窩巢的位置，但很快也離開了。此時牠們的家庭雜務暫且告一段落，這對伴侶短暫地並排坐在一起，沐浴在陽光下，發出柔和的咕咕聲。雌鴉（這時我可以從比較牠倆得出）把頭彎下，舒適地靠著雄鴉；雄鴉對雌鴉請求的回應，則是用喙梳理雌鴉頸背的羽毛。

這個經驗在我的腦海裡迴盪，每個行為細節都像是渡鴉世界這幅大畫中的一抹顏色；分開來看，每抹顏色無足輕重，但整體來看每筆都是一幅美麗的圖畫。我為了看到許多人沒能見著的事而感到榮幸。我尋思著，如果我是按下選台器，在電視螢幕上與數以百萬計的觀眾一起看到這一幕，會有什麼感覺，我會不會直到今日還為此經驗感動。我想知道從即時的滿足中我們獲得了多少，又失去了多少。

難以接近之事有其價值存在，或許難以接近本身就是價值。渡鴉是梭羅筆下原始及未知領域的一部分，他說我們偶爾需要涉過「麻鷺及秧雞潛伏的沼澤，聽聽鷸發出的隆隆聲，聞聞低語的莎草香，只有一些更為野性且喜歡獨居的禽類才會在那裡築巢……」。人跡最罕至的沼澤，最難以接近的野地，對我而言就是渡鴉最吸引人的一面；那不只是說牠們的棲息之地，也包括牠們的心靈，是牠們獨一無二生命的適應產物。在渡鴉心靈

■一隻處於休息狀態的渡鴉

邊緣低語的想法是什麼？想要尋求這個問題的答案，就好比尋找開啟另一個星球的窗戶，或是從另一個角度來看我們自己的心靈。

經過這十二年後，我可能學到許多關於渡鴉的事，舉例來說，我發現牠們會出於個人利益而分享，如今我也知道在一頓希罕的大餐旁，許多渡鴉如何以及為何從遠方前來集結的機制。對於少數一些牠們叫聲所代表的意義，我也略知一二。但我也知道牠們的心靈，一如永恆的荒野，是人類的經驗不能完全企及的。在足夠努力下，我們可以取得解開謎團的報償，或是一窺牠們的窩巢，觀察牠們的家居生活。但祕密從來不會輕易暴露，也不應該如此。太空探險不是件容易的事，但曉得困難存在，我們會更加珍惜。或許在荒野邊緣留下足跡，要比穿越其中來得更好些。

如果你冒險來到事物的邊緣，你會試著去探看神祕的遠景，因為吸引你的是超越地平線之外、你接觸不到的所在。那也是為什麼渡鴉和其他生物一樣，將永遠讓人著迷。牠們所激發且吸引的好奇心，正是人性的根本。

19 霸鶲日記
Phoebe Diary

《自然史》（*Natural History*）二〇〇〇年五月號

近兩百年前，奧杜邦（John James Audubon）在他父親位於賓州的莊園裡築巢的一對東方霸鶲腳上綁了一條銀線。這個給鳥套上標記環的早期美國實驗取得了回報：奧杜邦很高興地看到這兩隻他做了標記的鳥來年又回來了。少數這種捕食昆蟲的鳴禽還在洞穴裡築巢，其他的則在峭壁突出部位的下方築巢。然而時至今日，許多東方霸鶲也像家燕、麻雀和野鴿這些適應性強的外來種一樣，在靠近人類及其建築附近築巢，哺育下一代，像是在橋梁下方、穀倉裡，或屋簷下方。

我最早與這些黑—煙灰色帶有白色圍兜的鳥有所接觸，是在一九五一年我家搬到緬因州的時候。有一對霸鶲在我家三人座的戶外廁所築巢。後來我把一小塊木板釘在穀倉橫梁的底面，次年春天霸鶲就在那裡築了巢，之後年年如此，直到今日。美國東北部以及中西部大多數靠近樹林的農莊大概都有一對霸鶲進駐。當我住在佛蒙特州鄉下時，一年有五個月我和我的家人都喜歡觀看一對幾乎馴化的霸鶲，連續生養兩窩四到五隻的幼鳥。霸鶲幫我記錄每年的週期循環：當春天到來，牠們從美國南部的避寒之地「返家」時，新的週期就開始了。

我在一九九八年三月二十四日的日記裡，記載了該年霸鶲返回的提示。那一天吹著暖風，將殘餘的積雪迅速融化了。當天傍晚在沼澤深處，出現第一隻紅翅黑鸝的真假變聲吟唱以及一隻旅鶇的鳴叫。我聽著風聲進入夢鄉。

夜裡我突然醒轉，幾乎確定聽見了霸鶲的聲音，但從我床鋪上方的天窗，只看到一片黑暗。我心想著今晚是個遷徙的好日子，然後又睡了過去。如果我是霸鶲，我可能會乘著風回家。

次日晚上，就在我臥房窗子外頭的一棵楓樹上，我又聽見了一隻霸鶲興奮的叫聲：*dchirzeep, dchirzeep*。天邊剛出現一絲淡淡的曙光，我跳下床走到窗邊，離窗戶只有一公尺半遠處，那隻霸鶲就停棲在那裡，上下搖動牠的尾巴（霸鶲的招牌動作），伸展牠的翅膀，繼續鳴叫著。我泡了杯咖啡，等待天亮。

天亮後，我看到了兩隻霸鶲。牠們通常會重新裝修舊的鳥巢，或在舊巢上加蓋新巢。這兩隻霸鶲一刻也不得閒，馬上就開始檢視過去幾年牠們築巢的兩個所在：一處是在我臥房窗外排水管的彎曲處，另一處是在房子後門上方有個二．五公分寬的突出架上。每回兩隻霸鶲中的一隻會落腳在其中一個舊築巢處，發出輕柔的鳴叫聲，並且振動翅膀。很快地，牠倆決定使用後門的舊巢。

之後的每一天都由雄霸鶲固定的鳴叫聲展開，並持續兩個月之久。牠的「歌聲」可以形容為短暫、高頻蜂鳴的哨子聲，或類似將拉鍊迅速拉上拉下的聲音；由交替的兩音節片語 *fee-bee, fee-bay, fee-bee, fee-bay* 組成，頻率每分鐘三十次，每次都以時鐘般規律進行。

四月二日到四日間，天空陰暗並飄雪，這兩隻霸鶲異常地沉默。四月五日一早醒來，我發現地上覆蓋了約二．五公分的雪；我為霸鶲的生命感到擔心。霸鶲屬於霸鶲科，習於在飛行時捕捉昆蟲。牠們平常有偏愛的停棲之處，並從那裡出擊，一口抓住空中的獵物。但一連幾天空中都沒有飛行的昆蟲，我驚訝地發現其中一隻霸鶲鑽進我卡車底下的地面，顯然是在那裡尋找昆蟲。讓我更驚訝的是，我看見其中一隻先是在附近盤旋，然後啄食我掛在門廊欄杆上留給啄木鳥的一塊板油。雖說牠們的覓食行為是由飛行中昆蟲的動作所引發，但在必要時，牠們也會隨機應變，尋找新的食物。

該週結束時，天氣變得溫和了些，我的日記顯示這兩隻霸鶲還在，但安靜得多：「只有在靠近窩巢時，才聽得到牠們的輕聲細語。」四月九日，在雄鳥的陪伴下，雌霸鶲帶著一絲急迫感，開始為抱窩快速來回奔波，收集一嘴一嘴的泥漿以及青綠的苔蘚。霸鶲使用泥漿可將牠們的窩巢黏附在窄至一．三公分的板子上，有時甚至能將窩巢附著在垂直的岩石或水泥牆上，譬如在橋梁下方。

直到四月最後一個星期，雌霸鶲才產下蛋來。這時天氣已經變暖，唐棣已開花，楓樹、白楊木、樺樹以及山毛櫸也都長出新葉。那一週內，有五種鳴禽返回。那兩隻霸鶲看來急切且擔心，雌霸鶲孵蛋，雄霸鶲則積極地護衛著鳥巢和蛋。

雄霸鶲展現出防禦行為是有理由的：當我家霸鶲的巢遭受威脅時，我曾不止一次參與干涉。有天早晨，霸鶲安靜無聲，我發現有隻牛鸝在附近閒蕩。有著棕色腦袋的牛鸝是巢寄生者，經常把自己的蛋安插至其他鳥類的巢裡；顯然霸鶲也知道這一點。等牛鸝離開後五分鐘，牠倆迸發出鳴叫聲，一連五分鐘都不稍停。幾年以前，我幫牠們趕走了一隻花栗鼠；那隻花栗鼠不斷地想要接近霸鶲的巢，就算兩隻霸鶲瘋狂地想趕走牠都未能成功。那對霸鶲發出的強力叫聲與現在這兩隻的類似。

這些事件以及這兩隻霸鶲對我們家熟悉無比的事實（我們進出吱吱價響的後門時，牠們都不會受到驚動，同時牠們會把我們的車子當成停棲處），讓我不禁尋思這種鳥是如何選擇築巢地點的。牠們不但適應了新的環境，同時也從人類那裡得到好處。有些熱帶鳥種在靠近黃蜂蜂窩處養育下一代，就是仰賴黃蜂來趕走掠食者。對霸鶲來說，人類或許也提供了相同的服務。

在經過十六天左右的孵育時間後，五隻幼鳥於五月中孵化了。除了完成提供雛鳥對食物的需求外，兩隻成鳥還把窩巢維持得乾淨異常：起先是吃掉雛鳥的糞便顆粒，稍後則把糞便帶離窩巢遠處丟棄。不過到了五月底，當幼鳥進入快速長毛期，牠們的糞便開始在巢底堆積；那代表著牠們即將長出飛羽。果不其然，六月一日那天早晨六時許，我聽見興奮的鳥叫聲，然後看見一隻幼鳥在雙親的陪伴下振翅起飛。另有一隻幼鳥落在後門邊的地上，我將牠拾起，牠閉上眼睛裝死；但當我把牠放在柴堆上時，牠馬上就蹦跳著跑開了。到下午前，屋子附近一片安靜，我聽見成鳥在附近的樹林裡。當我前往調查，發現所有五隻幼鳥排成一排停棲在一棵枝葉茂盛的鐵木樹上，離地面約五公尺高。

次日破曉前，雄霸鶲已經回巢，在屋邊鳴唱著。我聽著這對霸鶲的巢邊嘮叨，說著：「家在這裡。」這些霸鶲一日也沒浪費，都回到了窩巢！這對成鳥仍繼續餵食牠們長了飛羽的幼鳥，但再過兩天，雌霸鶲已經開始給鳥巢加上新的鋪墊，並開始產下第二批鳥蛋。七月十一日那天，第二批四隻幼鳥長齊了飛羽[8]。

過了七月，這對霸鶲花在我家房子附近的時間就不多了。到了九月中，我們通常會聽見並看到牠們，但也只有一或兩天。當樹葉顏色變得鮮豔，森林開始安靜下來，牠們也就離開了。我總是會懷念這些活潑的室友，直到來年春天牠們再次返回。

原注　8 後來我住在緬因州西部山區的木屋，那裡的生殖季節較短，一年霸鶲只生養一窩小鳥。

20 與吸汁啄木鳥的對話

Conversation with a Sapsucker

《自然史》（*Natural History*）二〇一六年十一月號

有年夏天，我外出跑步時，可說是真的「撞到」了一隻啄木鳥。那隻鳥在我腳邊跳起，不停地拍翅掙扎，想要躲開，但又飛不起來，顯然牠是有哪裡不對勁。我把牠拾起檢查，牠高聲尖叫以示抗議。從外表看來，這是隻年輕、羽毛長齊的黃腹吸汁啄木鳥（*Sphyrapicus varius*）；我不能分辨牠的性別，因為這種雄鳥的脖子上有一抹紅色，要晚些才會出現。我沒有發現牠的翅骨有折斷的情形，也沒有其他地方受傷。但牠的龍骨突出，顯示牠的飛翔肌萎縮。我沒有看到牠的父母在附近，牠很可能幾天都沒有進食了。

這隻鳥的狀況並沒有讓我感到過於吃驚。今年的初春天氣夠好，讓鳥類早早就開始抱蛋孵育；接著，一連幾天大雨不斷，氣溫驟降，大大降低了昆蟲的數量。在大雨來臨前，已有熊蜂出沒（都是蜂后），因此這時應該已有大批的工蜂後代，蜂擁在盛開的柳蘭、繡線菊、馬利筋、羅布麻，以及美國栗樹花間，但我幾乎一隻都看不到。熊蜂的缺席顯明易見，其他我較少注意的昆蟲一定也受到了影響。不論如何，食物鏈的某個環節被打斷了，鳥類也將受到影響：在天氣不佳的情況下，不是所有的幼鳥都能及時獲得餵食。我手上的這隻鳥雖然經餵食換上了幼鳥羽衣，卻喪失了飛翔的力量。如果我把牠留在那裡的話，注定是撐不過去的。

這隻啄木鳥被我抓在手中，牠頭部的羽毛伸展並大聲叫喊。我等在那裡，看牠的父母是否會聽見叫聲而趕來；但是沒有，我必須要做個決定。我可以把牠留在那裡，繼續跑步，同時確定牠會有怎樣的下場，或者我可以介入。我一向服膺的原則是：不要「干涉自然」，但現實情況逼著我做出妥協。我們吃飯、開車、墾地以及蓋房子，都破壞了整個生態系統。我們每個人必然都對數不清的物種造成了巨大的影響，那麼在碰上另一物種的成員有需要時，為什麼不能伸出援手呢？我在無意間碰上了這隻鳥，讓我不得不做出決定。把這隻吸汁啄木鳥帶回家，意味著我要為牠找合適的食物及住處，並且要花時間和耐心照顧牠。我手握著牠站在路中間，除了牠幾乎不可能自己存活這點，其他的事我都顧不上；無論如何我得試著拯救牠，就算失敗了也對得起自己。我脫下運動衫，把牠包起來。我還有一公里半左右的路程才到回返點，於是我把牠放在路邊，繼續向前跑，準備回程時才把牠帶回家；同時我也希望能想出如何餵養這隻幼鳥的辦法。

等我轉彎跑回原地時，我什麼辦法也沒想出，這隻啄木鳥的雙親也沒出現，牠還裹在我的運動衫裡。我將牠拾起，一路跑回家中。除了不時地扭動一下，牠在我跑回家的路上安靜無聲。到家後，我把牠放在一個有紗窗的木盒子裡，該盒子先前是用來裝毛蟲的。

那隻啄木鳥在盒子裡看來平靜，不再掙扎，也不再尖叫。我似乎還聽到一聲 *churr* 的顫鳴聲。我家裡剛好有些新鮮的生肉，再怎麼說，蛋白質就是蛋白質。我用一隻長鑷子夾了一小塊放在牠鳥喙邊，在短暫的遲疑後，牠就把肉從鑷子上啄了去，一口吞下，過程中還發出幾聲吱吱聲，然後就一塊接著一塊吃將起來。過了一個小時，牠又發出代表飢餓的 *churr* 聲。幾次餵食過後，我在前往餵食時，也發出我自己的叫聲：*peep, peep, peep*。

到那天結束前，那隻年輕的啄木鳥只在我走近木盒掀開蓋子時，才發出 *churr* 聲。牠已經將我的到來以及木盒開啟的聲音，與食物送達給連結在一起了。

次日，那隻啄木鳥跳上盒子邊緣，直接從我的手指上取肉吃。但我曉得，如果是在室外的話，情況將非常不同。多年以前我在研究渡鴉時，緬因州的渡鴉野性甚強，只要看到人的蹤影便會飛走。牠們在捕獲的情況下，卻會從我手中取食。但當我們在牠們身上裝了無線電發報器、翼環或腳環，把牠們放走後，牠們的行為馬上又恢復到被捕前的樣子。所以環境決定一切。

到了第二天，那隻啄木鳥的進食時間已經變得規律，每次間隔兩小時。牠恢復得很快，比我預想得還要快。在某次進食、連吃了好幾塊牛肉後，牠突然飛出盒子，從開著的門飛了出去。以我之見，這項拯救行動還沒結束，因為那隻鳥還不能好好飛翔，可以應付野外的種種，例如專門捕捉這種年輕鳥類的雀鷹，看來牠注定逃不過這一劫。但過了幾個小時後，我在自家的草地裡聽到了*churr* 聲：那隻鳥雖然累積了足夠的力量飛遠，卻飛不高。我知道牠的體力並沒有消耗殆盡，或是用馬拉松選手的話來說，累得撞牆了；因為該天稍早，牠曾經有過規律進食。上一個冬天，我就見過累到撞牆的鳥：那是一隻毛茸茸的啄木鳥，飛到我家的餵食器時，已經累到幾乎飛不動了。牠被我抓著，並吃了我手指上的板油補充能量後，就恢復過來飛走了。但這隻年輕啄木鳥的情況不同，牠的飛翔肌還沒長全。我用捕捉蝴蝶的網重新將牠抓住，放回木盒。這一次，我把牠抓在手上時，牠既沒有掙扎，也沒有尖叫，而是急切地吃著我手指頭遞上的肉。

啄木鳥這種行為上的改變，不禁讓我尋思，牠是否「曉得」我救了牠。當然，那不一定是以有意識的方式為之。牠可能感覺得出挨餓與固定有人餵食的日子相比，有所差別；牠可能把新的環境與發生的改變做了連結。這種對突然變得富足的體認，也可在被拯救的貓和狗身上見到。動物會接受現狀，幾乎不論現狀是什麼樣；牠們也會對改變做出反應，就算與之前牠們習慣的狀況只出現了微小的改變。

又過了一天大嚼大嚥、吃了大量肉食的日子後，那隻啄木鳥再度飛出門外。這一次牠飛得夠高，消失在附近樹林的楓葉叢中。雖然牠的力量增加了許多，但牠的飛行仍然笨拙。牠已經回到了有鳥鳴、松鼠吱吱叫，以及樹蛙鳴聲的樹林裡，只不過牠生存的機會看來還是渺茫。

那天天黑前，我走到樹林邊發出 *peep, peep, peep* 的叫聲。我不曉得那隻鳥在哪裡，甚至是否就在附近；但幾乎在同時間，樹林中傳來牠的 *churr* 聲回覆。我很快地取了幾片生肉在手上，發出更多的 *peep, peep, peep* 叫聲：那是代表食物以及「我在這裡」的代碼。接著，那隻啄木鳥從林中飛出，落在離我頭上一米處的一根楓樹枝椏上。牠從樹幹上跳下，從我手指上叼走一片肉，然後又往回跳，停在一根粗枝下方。當天晚上稍晚，我爬上樹用手電筒察看，牠還在那裡。第二天清晨四點半，我發現牠還在。半小時後，牠飛落在我木屋的牆上，發出宣告牠在場的熟悉叫聲，讓我知道牠要食物。我走出木屋，滿足了牠的願望。

我們之間的對話變成了例行公事。在我倆建立關係後一週，那隻啄木鳥再度落腳在我窗子下方的木屋牆上，宣告牠的到來。我走出木屋，這時牠飛落在我手上。我把牠抬起靠近我的臉，牠直接從我牙齒咬住的食物取食。就算有如此親近的接觸，我也不擔心牠會變得依賴，因為牠持續與野外有所接觸。事實上，這隻啄木鳥來拜訪我的頻率已經愈來愈少了。

次日，我在木屋旁一棵高大樺樹的樹幹上，看到一隻帶著年輕羽毛的啄木鳥在追逐一排螞蟻。一如我經常看到的成年啄木鳥所為，牠以同樣方式啄食著螞蟻。為了測試牠是否就是我認識的那隻啄木鳥，我發出 *peep* 的叫聲，得到的回答也很清楚，雖然相當微弱，只是一聲勉強可聞的 *churr*。之後牠就不再理我。對於牠是否就是我的那隻鳥，我還是有所懷疑，因為我從沒聽過啄木鳥發出那樣的回應。我悄悄地走近樹幹，臉離樹幹只有一米距離；牠沒有馬上飛走，又發出了一聲微弱的 *churr*，然後才離開。這下我毫無疑問，牠就是我養過的那隻鳥。

在那回碰面之後，牠偶爾還會回來拜訪，但對我提供的食物都不感興趣，也不主動接近我。牠已經不再需要我，或許牠已找著比牛排更喜歡的食物。牠的表現就像是忘了我一樣，又或者牠的行為已經轉變為成鳥的了。

與啄木鳥的交談，一週後就突然結束了，好似有個開關被關掉了一樣。與野生啄木鳥有過溝通後，我至少學到了兩種啄木鳥的訊號，包括兩個字的詞彙。這兩個字的意義隨情境以及強度和反覆程度而變。第一個字 *churr* 是個單音節的叫聲，先是朝上變化的高頻音，於結束時下降。啄木鳥來到木屋乞食時會發出這種叫聲，因此這種叫聲可以翻譯成「餵我」或「我來了」。每天清晨天剛破曉，我走出室外叫喚牠時，不論這隻啄木鳥在附近樹林中什麼地方，牠都會回覆一聲 *churr*，但不一定現身。多年來我聽過許多次這種叫聲，也從來沒有多想。這種叫聲不只是幼鳥的乞求聲，因為這隻啄木鳥發出叫聲告訴我牠在哪裡後，不一定都會現身（牠的雙親之一可能會去找牠）。再者，*churr* 也不只是對我 *peep* 叫喚聲的回應。在沒有我的叫喚下，這隻鳥主動來到木屋時，通常在門口或窗邊也會發出這種叫聲，那代表著召喚或懇求。

在餵食這隻啄木鳥時，牠幾乎會持續發出 *cheep* 聲；我們在一窩飢餓的雛鳥巢邊也聽得到同樣的叫聲，同時在父或母鳥回來時，叫聲會變得更響亮。這些小鳥已經曉得父母之一或餵食者就在附近，即將會有食物送達，那麼牠們為什麼還要發出 *cheep* 聲，而且還叫得愈來愈大聲？我猜想那是一種向成鳥發出的飢餓訊號，也可能是對帶來食物的成鳥發出的歡呼聲。聲量的增加可能代表更為飢餓，好讓叫得最大聲的雛鳥比牠的手足們取得更多優勢，最終接受了更多的食物。

如今這隻啄木鳥已然獨立。牠大可以繼續接受我提供的食物，但牠選擇不那麼做，就好似牠做出了改變的決定。在此，遺忘可能扮演了一角；那就算不是適應的產物，也是種有用的特徵。腦部的容量是有限的，啄木鳥必須講求效率：牠必須在幾個星期，而不是幾年內，就把自己都準備好；牠需要具備能即時發揮作用的主要適應特徵。那隻啄木鳥對我的行為改變，有點像常見的子女離開父母。理智上，我為牠感到高興；但情感上，我懷念這段關係。啄木鳥不是群居動物，但我們人類是。我們會與親近的人事物產生連結，在此，是和這隻年輕的啄木鳥。我們同時也與我們的環境產生連結，也就是這隻鳥所代表的大自然。

■ 黃腹吸汁啄木鳥在一棵樺樹上製造的樹汁舔食口，旁邊還有一些搭順風車的動物。

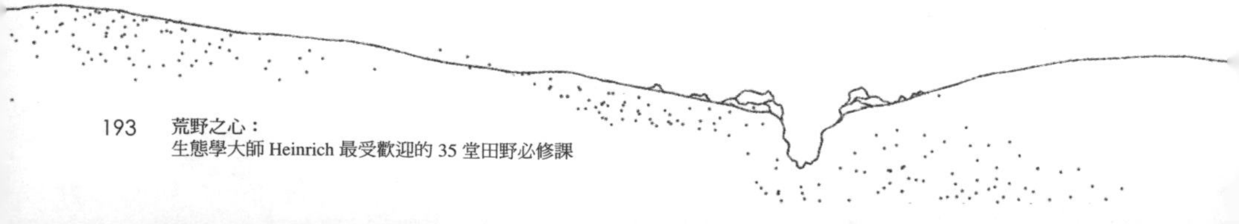

21 賞鷹

Hawk Watching

《戶外》（*Outside*）一九九八年秋季號

從我孩童時期起，每年四月會有一對蒼鷹在緬因州我家農場附近皮克山丘的茂密小森林裡築巢。我們家與這對蒼鷹的關係久遠，我記得不止一次我母親手上拿著獵槍衝出家門，只因為有隻蒼鷹停棲在一棵大榆樹上，眼睛盯著院子裡的雞隻。就算母親保持警戒，終究大部分她養的鴿子都被蒼鷹給抓走了。但這不是下面我要說的故事。

我與這兩隻蒼鷹有過私下接觸：牠們用黃檸檬色的細腳趾，前端還帶有兩公分半長、銳利如刀的藍色彎曲指甲，粗暴地碰觸過我。是我犯了錯誤，爬上牠們築巢的那棵樹。突然間，我聽到如敲擊金屬鍋碗般的響亮鳥叫聲，接著另一隻也加入。再接下來，我看到一隻巨大的白胸蒼鷹在鄰近一棵松樹的枯枝上，以鮮紅的雙眼盯著我。我們四目交會，就在那一刻，我聽見一陣嗖嗖聲，同時背上受到一下重擊：那是另一隻蒼鷹的爪掠過我的脊柱。那時我才發現蒼鷹與牠的學名 *Accipiter gentilis*（*gentilis* 有溫和之意）

並不一致；那可能是給牠命名的偉大瑞典生物學家林奈（Carolus Linnaeus）具有特別的幽默感。事件過後的那個夏天，每當我看見那兩隻蒼鷹為牠們的幼鳥覓食時，都讓我心生崇敬之情。我甚至還求過母親，永遠都不要再拿獵槍對著牠們。

七月裡某個陰天，我正巧穿越我家屋後的牧草地。當時椋鳥的幼鳥早已離巢，牠們集結成群以求自保；其中一群約有五十隻椋鳥正飛過我頭頂。我往天空望去，看見一隻蒼鷹從皮克山丘的方向快速逼近。那隻大鷹快速拍動牠短且寬的翅膀，向上攀升。椋鳥也看見了牠，於是聚集成緊密的群體，沒有任何一隻落單。我想牠們現在應該是安全的。

那隻蒼鷹爬升至椋鳥上方約三十公尺的高度，此時這些椋鳥正朝皮斯湖的方向快速飛去。椋鳥是飛行速度極快的鳥種，而蒼鷹卻不擅於長程高速追逐。蒼鷹屬於偏好森林的猛禽，擁有粗短的翅膀，擅長在林間快速移動，牠的尾巴則扮演方向舵的角色。

那隻蒼鷹的翅膀停止拍動，像塊石頭般以某個角度朝那群椋鳥向下衝去。在一到兩秒內，牠已經來到那群驚慌失措的椋鳥上方，但落後一些；我曉得牠將錯過那群椋鳥。但椋鳥群也於同時俯衝，只不過蒼鷹下降的速度更快一些，來到那群椋鳥的正下方。這時，蒼鷹一個轉身，背下腳上，雙翅伸展；向下俯衝的椋鳥群中有一隻就落在了那對曾劃過我背部的黃色鷹爪之中。接著，那隻蒼鷹翻轉身形，帶著獎品振翅朝皮克山丘飛去。我站在那裡，目瞪口呆，對蒼鷹方才那場表演所展現的力量與優雅，驚訝不已。

那天我走過牧草地時，並沒有預期會看到那一幕；從我之前與蒼鷹的接觸，我也想像不到蒼鷹能做出如此了不起的舉動。我想另外將近五十隻逃過一劫的椋鳥必定鬆了一口大氣，甚至還可能感到喜悅。

讀者可能不認為看到一隻捕食雞的老鷹擊殺了一隻鳴鳥，有什麼好驚訝的；但事實就是這樣，看到一隻蒼鷹擊殺一隻椋鳥，讓我的邊緣系統（limbic system，譯注：腦中的情緒中樞）激動不已。

▪巨翅鵟巢裡的蛋與一隻新生的雛鳥，還有一枝新插入的綠色蕨葉。

22 金冠戴菊的寒冷世界

Kinglets' Realm of Cold

《自然史》（*Natural History*）一九九三年二月號

對我來說，戴菊（kinglet）這種鳥類如何能在漫長的冬夜裡存活，是個難以理解的謎團，也促使我寫作了《冬日世界》（*Winter World*）一書。在該書結尾，我對這個問題還只有個假說而已；之後不久，才找到問題的答案。這篇文章是在那本書出版的十年前、也是在我找到答案的十年前，內心還充滿驚嘆時寫的，這點可從文章的結尾看出。

緬因州西部山區的仲冬夜裡，大雪隨風吹過林梢，聽起來就像拍岸的巨浪一般。在接近攝氏零下三十度的氣溫下，無論是人還是鳥，與冷冽如刀的空氣接觸，可是會致命的。

我穿著長袖的防寒內衣，毛褲外還穿了滑雪用的雪褲，上身是兩件運動衫，一件防風外套，一頂毛帽，一雙帶了襯底的手套，以及一雙隔熱的靴子。如果我脫下手套，不到一分鐘手就會凍僵，不聽使喚。如果我站著不動，不要幾分鐘就會寒顫不止，體溫也會開始下降，除非我不停地大幅活動身體。對於體溫比我們還要高上幾度的留鳥來說，究竟是如何維持體溫的？就算只維持一分鐘？更讓人驚訝的是，牠們是如何度過那漫漫長夜的？

披肩松雞會直接鑽進厚厚的雪層，製造一個臨時的過夜庇護所，以躲避刺骨的冷風。山雀和美洲紅胸鳾會找現成的樹洞或中空的樹心做為庇護所。絨狀多毛的啄木鳥會在十一月裡挖掘樹洞，其唯一目的顯然是為了過夜之需。鳥類學家肯戴（Charles Kendeigh）指出，在洞穴裡過夜可增加存活率，因為熱量可保留在鳥體四周，大幅降低了靠顫抖生熱的需求，而省下相當多的能量。生物學家契普林（Susan Chaplin）發現，山雀可將體溫下降攝氏八度左右，以節省能源。大多數以種子為食的鳥類，像是松雀、交喙雀、普通朱頂雀、美洲金翅雀以及松金翅等，在夜間不會出現蟄伏狀態，只要牠們賴以為食的樹木能提供大量高脂的種子，讓牠們有充分的燃料可以整晚都幾乎顫抖不止，牠們就能停留在緬因州的樹林裡過冬。牠們能否存活下來的關鍵是食物，因為食物提供了顫抖生熱所需的能量。如果食物短缺，鳥類無法維持顫抖的話，牠們就會降低體溫，進入蟄伏狀態。

過了幾天，暴風雪幾乎已遭遺忘。對存活者來說，生活已恢復正常。松雞吃著樺樹芽，雀鳥成群地在帶有種子的樹間穿梭，冠啄木鳥再度在冷杉基部敲擊出既長且深的橢圓形凹穴，以挖出冬眠的大黑蟻。

在冠啄木鳥刺耳的扣扣聲與山雀的切切聲之外，我在一片雲杉樹叢間聽見金冠戴菊的微弱對話。牠們的叫聲就像微風般不引人注意，除非是知曉這種聲音的人，否則不會注意到。這種小鳥在茂密的枝枒間爬、跳以及盤旋，主要是在樹枝的底面覓食。牠們帶有淡橄欖色的羽毛，頭頂著黑邊的金冠，雄鳥還帶有火焰般的橘色胸脯，但通常隱藏在黃色的冠羽下方，但可於瞬間豎起。金冠戴菊長年住在美國北部及加拿大的針葉林中（牠的近親紅冠戴菊只有在夏天才出現）。

由於金冠戴菊能在嚴寒的冬夜存活，這份成就讓人驚嘆，所以我想知道牠們晚上都在哪裡過夜。下午四點半時暮色已然降臨，我追蹤的三隻金冠戴菊突然發出高頻率的長鳴，好似收到什麼訊號似的，一起飛走，消失無蹤。再一次，我未能發現牠們在哪裡以及怎麼樣度過漫漫長夜。但我腦中牽掛的是，前幾晚暴風雪後的倖存者。

在不斷出現極度嚴寒氣溫的地方有金冠戴菊的存在，至少有兩點值得我們注意。第一，金冠戴菊十分瘦小，體重不到六公克，屬於最小的燕雀目鳥類，只比大多數蜂鳥稍微重一些。去除羽毛的金冠戴菊的身體，比人的小拇指頭大不了多少。但金冠戴菊與其他燕雀目鳥類一樣，維持著高體溫，即便是室外溫度在攝氏零下三十四度或更低。約在五十年前，芬蘭鳥類學家龐姆格倫（Pontus Palmgren）測量了歐洲的戴菊於冬天時的體溫，發現維持在攝氏三十九度到四十二度之間。牠們靠羽毛保暖，而羽毛就占了牠們體重的二三%至二五%之多。

根據加熱與散熱的物理定律，體重六十公克的金冠戴菊與一百二十公克重的山雀相比，散熱速率要快上七五%，因此，牠們每單位體重必須要食用及消耗多上七五%的食物，才能維持相同的體溫。同時，體型較小鳥類身上的禦寒裝備要比較大鳥類的少，因此牠們熱量散失的速率會比單由身體質量估算的速率更快。即便如此，金冠戴菊仍與渡鴉一起存活於寒冷的北地；渡鴉可是地球上體型最大的鳴禽。

在緬因州過冬的金冠戴菊第二件值得一提的事，是牠們以昆蟲為食。秋季裡，大多數食蟲的鳥類都向南方遷徙，尋求更好的獵場；反之，許多以種子為食的鳥類留了下來。那麼，金冠戴菊又如何能在日照短的冬日取得牠們維生所需的昆蟲，同時還必須是三倍於牠們體重的數量？金冠戴菊與山雀不同，牠們從來不會到餵鳥器取食種子或板油。在白天，金冠戴菊要是一到兩小時沒有進食，牠們就可能餓死。但在牠們生活得好好的北地，冬夜一般有十五個小時那麼長；由於金冠戴菊在夜間不可能覓食，也不見牠們儲備食物，那麼是什麼防止了牠們於夜裡死去的呢？

在與金冠戴菊密切相關的一些研究中，研究人員指出，蟲食性鳥類於冬天主要以彈尾蟲為食。那是種習稱「雪蚤」的原始昆蟲，常見於緬因州樹林；同時我發現有些彈尾蟲會在樹上過冬。有沒有可能說彈尾蟲就是金冠戴菊賴以存活的天賜食糧？某天傍晚，我檢查了一隻死去金冠戴菊的胃容物；之前兩週的氣溫都維持在攝氏零下十八度以下。那隻金冠戴菊的胃裡塞滿了食物，其中有三十九隻尺蠖幼蟲、一隻蜘蛛、少許飛蛾鱗片，二十四隻幾乎是顯微大小的蒼蠅幼蟲，以及只有四隻彈尾蟲。

雖說我的探究顯示，彈尾蟲不是緬因州金冠戴菊的唯一食物，但那並沒有解開金冠戴菊在此地存活的祕密。那隻金冠戴菊的胃裡確實塞滿了食物，但在寒夜裡，那最多也只能提供維持一小時左右的熱量。有沒有可能說金冠戴菊的大部分能量是由牠們於白天貯存下來的脂肪提供？

維吉尼亞聯邦大學的布列姆（Charles R. Blem）和派戈爾斯（John F. Pagels）在仲冬時節的白天定時測定了維吉尼亞州金冠戴菊的身體組成，發現牠們的體脂儲存量從早晨的〇．二公克增加到傍晚的〇．六公克。脂肪含有高能量，但以這種體型的鳥類維持代謝所需的標準公式計算，布列姆和派戈爾斯預測在正常體溫與攝氏零度的溫和氣溫下，這些金冠戴菊儲存的脂肪只夠一晚上十五小時代謝需求的一半。因此，就算在相對溫和的冬夜裡，牠們在白天所累積的脂肪存量也不足以維持一整晚的保暖之需。然而任職奧地利因斯布魯克阿爾卑動物園的泰勒（Ellen Thaler）和同事記錄了一隻戴菊從黃昏到天明的體重變化，並假定其體重的降低是由於脂肪的消耗所致，那麼這種能量儲存當可供應十八小時的夜間禁食之需，即便是在攝氏零下二十五度的氣溫下。但我們可以確定的是，這種夜間體重的下降幾乎不可能全由脂肪造成，因為鳥體重的下降還包括胃的排空，以及肝醣、蛋白質，和水分的消耗在內。

雖然金冠戴菊賴以過夜的能量來源及食物供應的問題仍未解決，但牠們的生存策略顯然包括其他鳥類使用的能量節約機制。金冠戴菊會張開羽毛，將細枝般的腿和腳塞進去，以保存熱量[9]。金冠戴菊是否會進入蟄伏狀態，好延長脂肪與能量的供應，讓牠們得以度過漫漫長夜？動物在蟄伏狀態下，會調低內在的溫度計，同時夜裡的蟄伏一般也與體型相關：動物體型愈小，由降低體溫所節省的能量就愈多，到早晨時，體溫恢復得也愈快。有些蜂鳥在夏季的夜裡也固定進入蟄伏。金冠戴菊在冬天裡蟄伏屬於關鍵性適應，應該是個合理的推測；但目前所有的數據顯示，金冠戴菊在夜間並不會進入蟄伏。長期研究被捕獲戴菊的泰勒測量了養在室外鳥舍的戴菊體溫，發現體溫在夜間並沒有大幅的下降。

或許研究野生或養在不提供充分食物鳥舍的金冠戴菊，能對這個可能性提供更多線索。就節省能源而言，進入蟄伏是合理的選擇，但我以為在氣溫過低的情況下，讓體溫下降是有危險性的：一隻體型瘦小、體溫下降的鳥可能難以在低體溫下重獲溫度控制的能力，如果室外氣溫降至攝氏零下二十六度以下時，牠們就可能在幾分鐘內被凍死。

在維持夜間能量的平衡上，行為也是重要的一環。自然學家早就觀察到，冬天的鳥在極低的氣溫下，幾乎都變得極度溫馴：牠們無心於其他事物，甚至對掠食者也一樣。這點金冠戴菊也不例外，牠們花更少時間躲避掠食者、動來動去，以及積極展現自己，但花更多時間專心進食。

另一項重要的行為反應，是尋找良好的夜間庇護所，那也是我多次在黃昏時嘗試追蹤金冠戴菊的原因，希望能發現牠們到哪裡去休息。除了說牠們可能在枝葉茂密的針葉樹樹枝間尋找庇護所之外，野生金冠戴菊究竟在哪裡過夜，我們幾乎一無所知。就算是些許的庇護，也可能在關鍵時刻決定生與死。金冠戴菊是否喜歡停棲在枝葉茂密樹木的低處、那裡風的流動及對流較小？牠們是否飛往先前選好的安全所在，譬如避風的所在，然後在傍晚時分迅速消失無蹤，讓我全力追蹤牠們過夜之所的努力泡湯？布列姆也觀察到金冠戴菊的突然飛離，並宣稱曾見到有隻金冠戴菊在黃昏時鑽進松鼠的窩。我有次在黃昏時見到一群金冠戴菊消失在一座茂密的松樹林中，其中確有松鼠的窩；但我卻

原注 9 逆流熱交換裝置（counter current heat exchanger）在維持四肢的血液循環上，扮演突出的角色。

未能確定牠們是否鑽入窩穴，或只是停棲在附近的樹枝。松鼠窩的入口隱密且封閉，我懷疑金冠戴菊是否能夠找著入口並強行進入；這麼做不但要冒點險，同時也不知松鼠是否會容忍牠的闖入，因為松鼠是鳥蛋和雛鳥的主要掠食者。

可以確定的是，金冠戴菊選擇過夜的微環境有個關鍵因素，就是附近有其他的金冠戴菊一起相互依偎取暖。研究顯示，在攝氏零度的氣溫下，一對棲息在一起的歐洲戴菊可降低二三%的熱量流失，如有三隻則可降低三七%。

天黑之前，歐洲戴菊在聯絡呼叫的幫忙下形成群體。泰勒觀察到，當牠們接近準備停棲過夜的樹木時，會發出特別的叫聲；很可能是為了吸引群體的成員，也就是一起覓食的戴菊。牠們另外還有一串叫聲，是讓群體沿著牠們要過夜的水平枝幹聚集。位於群聚中心的戴菊會把頭縮進肩部，鳥喙朝上，位於邊上的則把頭轉向側面。這些接觸群體會在溫暖以及寒冷的天氣形成，只不過在天熱時，牠們可能會花二十分鐘才排好位置，但天冷時只需五分鐘。天冷時，配偶總是會在幾秒鐘內就靠在一起，手足也是。在同樣的天氣下，渡鴉會共享大型腐屍，以求生存；反之，戴菊可能是靠互享體熱存活。這兩個物種的共享行為是由急需食物或溫暖所刺激；由於食物可轉化成熱能，因此兩者基本上是相同的。

夏季裡，經常可見到金冠戴菊在其活動區域出沒；但到了冬季，牠們時而常見，時而罕見，甚至完全不見。造成冬季這種數量變化的原因未知，有可能是每年冬天氣候變得特別嚴酷時，有很大比例的金冠戴菊族群會死去。金冠戴菊在冬季的大量死亡，可由牠們每年生出異常多數量的幼鳥加以平衡。每年，一對金冠戴菊可產下兩批幼鳥，每批包括七至十二隻（一對金冠戴菊父母會在第一批雛鳥羽翼未豐時就開始修築第二個鳥巢）。因此，只有一小部分撐過冬天的金冠戴菊負責在來年秋天建立起相當龐大的新族群。

我很好奇在接近攝氏零下三十度的氣溫下，緬因州我住處附近的金冠戴菊是如何存活下來的。在二月及三月裡，我一共花了二十六個小時尋找牠們，並發現了十八隻金冠戴菊（分屬七群）。我不認為自己錯過了任何一隻位於附近的金冠戴菊，因為這種鳥幾乎叫聲不斷。牠們清脆如鈴聲的吱叫聲，讓我想起小卵石相互敲擊的聲音。我在無風的日子尋找金冠戴菊時，可以在至少二十步以外就聽見牠們的叫聲。一隻落單的金冠戴菊會在一分鐘內發出六十六下微弱的叫聲，但兩隻同行的金冠戴菊平均每分鐘只叫四十聲。如果有三隻金冠戴菊碰上一群多達二十隻吵雜的黑頂山雀時，牠們每分鐘就只會發出兩聲鳴叫。從我有限的探索中，未能提供充分數據以得出結論，但對於鳴叫行為在金冠戴菊冬季存活所扮演的角色上，開啟了一個探討的方向。

三月初，在我住處附近的金冠戴菊平均一群只有二・六隻。如果說抱團取暖對安全度過寒夜是必須的，那麼這些緬因州的金冠戴菊似乎並沒有什麼多餘的夥伴可以依靠。取暖的夥伴不可能說到了黃昏就神奇地出現。或者金冠戴菊在整個白天的社交活動，可以保證牠們在寒夜裡有相互取暖的同伴。吸引並維持與其他同類的聯繫，可能是牠們於冬天存活下來的關鍵；這一點在茂密的針葉林中，不大可能單靠視覺達成。在平均一群只有二．六隻的情況下，失去其中一位，其餘成員在碰上下一個暴風雪或食物短缺時，也難逃死亡命運。安靜的鳥不會有其他鳥追隨，牠們必須追隨其他鳥（這些鳥得在覓食之餘抽出時間來鳴叫），或變得落單。經由鳴叫，牠們方能追隨或被追隨。

曉得這些森林魅影在攝氏零下十八度的氣溫中仍能存活，讓人心頭寬慰些。但三月三日晚上，我回到溫暖的木屋休息時，再次聽到陣陣強風吹過樹林時發出的蕭蕭聲，我的木屋也隨之振動。整晚大雨敲擊在屋頂上，我渾身乾燥躺在三床毛毯下，不免想到那些金冠戴菊是否安好。

次日早晨醒來，我想到冬天還有一個月才結束。我聽見樹枝發出咯吱的聲音，因為樹枝表面覆蓋著一層冰。冰雨持續下了一整天，樹枝下垂地愈來愈低，直到有許多墜落在地。那些鳥下週還會在嗎？

三月十七日那天，我終於確定牠們仍然會再度遍滿今年夏天的樹林裡。當天太陽高照，地面某些地方仍有六十公分的積雪，但已被壓實，方便行走。啄木鳥發出咚咚的敲擊聲，有兩隻渡鴉在山谷上方側著飛行，做徒勞地追逐。然後我聽見金冠戴菊的鳴叫，那是一連串十幾聲純粹響亮的音符，擠在一秒鐘內發出，一分鐘內重複個六到九次。金冠戴菊的求偶季開始了。就算四月初還下了場暴風雪，金冠戴菊以細苔蘚和地衣、蜘蛛網，以及北美野兔毛製作的深杯狀窩巢已高掛在雲杉枝頭，裡頭擺了兩層微小的鳥蛋。

後記

理論提供指引，但我偏好事實。在《冬日世界》書中，我回顧了所有已知事實，並以下面這段話作結：「我會一直讚嘆及好奇這種小鳥是如何活下來的。牠們挑戰了所有的可能性以及物理定律，並且證明驚人之事是可能發生的。」

我曾一再追蹤這些北方金冠戴菊，也一直沒有發現牠們是怎麼過夜的；但我觀察到牠們會一直覓食直到黃昏，而其他鳴禽早就休息去了。在《冬日世界》一書出版後一個月左右的某個冬日黃昏，我又看見一群於黃昏時分覓食的金冠戴菊，牠們一個接一個地飛進一棵小號的松樹。那棵樹看起來與其他的樹木都有些距離，同時天色已晚，牠們很可能就待在那裡過夜；因此，我想可以看看是否有任何一隻飛離該樹。我等在那裡仔細觀察，讓我興奮的是，沒有任何一隻離開。天黑後過了許久，我又回到該處，希望這些鳥已經熟睡。我萬分小心地爬上該樹，並以手電筒搜尋，結果發現一群四隻金冠戴菊。

牠們的頭都朝向中心，四個尾巴朝外伸出，組成一團絨毛球。牠們仍然警醒：其中一隻把頭伸出，四處看了一圈。牠對手電筒的光似乎不以為意或不在乎，又把頭伸進群體之中。這個抬頭動作證實了牠們並沒有進入蟄伏，體溫也仍然升高。我更加小心地爬得更近一些，給這群相互偎依的四隻金冠戴菊照了張相。該張相片可能不是最高品質的攝影，卻是我最珍視的快照。其中有情感，有故事，是微小的金冠戴菊為什麼在冬天結伴同行的高品質證明文件（發表在二〇〇四年的《威爾森學報》〔*Wilson Bulletin*〕）：牠們是彼此的庇護所。牠們可以花更長時間覓食，直到天黑前最後一刻，因為只需一瞬間，牠們就能相互偎依在一起，形成家庭的溫暖與舒適。

23 惡毒夜鷹

The Diabolical Nightjar

《自然史》（*Natural History*）二〇一七年七—八月號

我會動心去做某件事，通常是受實際經驗所刺激，但這回我是被一張相片引發了興趣：那是一張兩隻夜鷹棲息在地上的相片。牠們看起來像北美夜鷹，實際上是印尼的惡毒夜鷹（Diabolic Nightjar，又名環頸毛腿夜鷹）。我之所以受到吸引，是因為這兩隻夜鷹靠得非常近，彼此碰觸。由於夜鷹是獨居動物，因此這種行為難以讓人理解；同時這個物種是地球上最希罕的鳥種之一。

該張相片刊登在考勒（N. J. Collar）寫的一篇書評上，發表在印尼的鳥類學期刊《庫基拉》（*Kukila*）。我是在二〇一〇年讀到這篇文章，也是我頭一回看到這張由楊鼎立（Yong Ding Li）在二〇〇七年六月拍攝的相片。楊碰巧在對的地點以及對的時間手持相機拍了那張相片，地點是在印尼蘇拉威西島（Sulawesi）的羅瑞林都國家公園（Lore Lindu National Park）。他拍到的惡毒夜鷹是那一本受評的書裡提及的幾個鳥種之一（那本書叫《打鼾的鳥》（*The Snoring Bird*），正是我寫的，內容有關我的父親戈德·海恩利許（Gerd Heinrich），惡毒夜鷹就是他在一九三一年發現的，也稱之為海恩利許夜鷹（Heinrich's Nightjar）。這種鳥直到一九九六年才再度為人發現）。

夜鷹一般產兩顆蛋，因此照片中的兩隻鳥可能是同一窩的年輕手足。但從其羽毛來看，牠們似乎是成鳥，因此可能是伴侶。即便如此，牠們為什麼會靠得那麼近？由於身處熱帶炎熱的低地，牠們不可能是為了取暖才依偎在一起，所以為什麼要這麼做？除了知道牠們是特別希罕的鳥類外，其餘我也沒什麼可做的，於是我把相片存檔，當成一樁有趣的插曲，逐漸淡忘。只不過一年以後，這個潛在謎團又回來找上我，這回是來自加拿大亞伯達省一位從未謀面者寄來的聖誕卡。

該張聖誕卡上的圖形也是這種極為希罕的鳥類，同樣是來自印尼蘇拉威西島的惡毒夜鷹；只不過卡片的簽名者馬可維茲（M. P. Marklevitz）使用了這種鳥的第三個稱呼：魔鬼夜鷹（Satanic Nightjar）。該張相片與前一張一樣，是在同一個自然保護區拍到的，照片顯示兩隻鳥並排棲息在地上；只不過這張相片是從高處鳥頭的方向往下拍的，因此牠們的長尾巴清楚可見：牠倆確定是成鳥！如此看來，牠們可能是一對伴侶。馬可維茲給我寫了下面這段話：「我在羅瑞林都國家公園的較高區域找到並拍攝到兩對這種鳥。」又是成對出現？我想，這是多麼讓人驚訝的巧合。雖然我的好奇心增加了，但我還是不覺得自己有機會、或是有意願造訪蘇拉威西島，親自到叢林裡去找尋這種鳥。然而，這對鳥的影像並沒有從我腦海裡消失。

馬可維茲的相片讓我猜測，其中可能有第三隻鳥存在；那可能是隻幼鳥，同時部分身體被這對鳥給遮住了。要麼事實確是如此（這種地棲鳥類的雛鳥皮毛，與背景中樹葉及其他碎片極為相似），要麼就是我被枯葉的偶然擺放方式所騙，在我腦海裡製造了羅夏克（**Rorschach**）假象。為了確定真相，過了幾年我在網上找到了馬可維茲（他是一名自然攝影師），問了他有關那張夜鷹相片的更多細節。他告訴我一個網站，上頭正是我想要看的東西。該網站叫做「東方鳥類影像庫」，其中收藏了專門的賞鳥者幾十年來的成果，是個寶藏庫。突然間，我擁有了連作夢都想不到的豐富資訊。

我在該網站看到了數百張的印尼夜鷹相片，牠們分屬於夜鷹屬（*Caprimulgus*，下分十五種）和毛腿夜鷹屬（*Eurostopodus*，下分三種）。我一共看了兩百九十四張棲息中的夜鷹相片（除去飛行中夜鷹的相片，同一隻鳥的重複相片，以及畫像），其中有二十張是惡毒夜鷹，成對的惡毒夜鷹相片有七張。至於其餘的兩百七十四張相片裡，只有一張包括兩隻夜鷹在同一畫面。除非那些賞鳥者刻意不去拍落單的惡毒夜鷹（這是不大可能的事），那麼成雙成對地棲息應該是這個特定物種特別喜歡的行為。

這些相片的拍攝地點遍及全印尼，但那二十張惡毒夜鷹的相片都是在蘇拉威西島中北部的羅瑞林都國家公園拍到的[10]。我用Google搜索「成對棲息夜鷹」，結果找到五個視頻和五張相片，分別是千里達的白尾夜鷹，以及馬達加斯加島的暗色夜鷹和環頸夜鷹，但其中都沒有成對的夜鷹。

為什麼惡魔夜鷹要成對且親密地待在一起？成對存在有助於單配偶制；但在許多鳥類中，單配偶是由於對地點的忠實所造成或維持。兩隻鳥待在一起保持婚姻狀態，看起來可能是極端的單配偶制。這種生活方式之所以受到揀選，是否是在某些情況下，可保證隨時有合適的配偶在側？

在族群數量特別稀少或繁殖季節特別短的情況下，這種單配偶制可能變得重要。還有就是每年一度的求偶儀式變得耗費太大時，單配偶制也會變得必要。如果一個物種變得希罕，使得尋找配偶成為繁殖的限制因素時，該物種就可能將自己限制在特定地點活動。目前惡毒夜鷹的受脅狀況是「易危物種」，同時也確實列為「分布範圍局限物種」。這些描述標籤在近一世紀前就可以用於這個物種，也代表其目前的希罕性。

我的父親和他的妻子安納莉西（Anneliese），以及妻妹麗莎羅特（Liselotte，鳥類標本製作員）於一九三一年發現了這種夜鷹；那是他們在整個蘇拉威西島（舊名西里伯斯〔Celebes〕）花了兩年時間探索並收集標本後才發現的。他們的鳥類收集考察行動是由美國自然史博物館贊助的，而那唯一的夜鷹標本還是在行動結束前才找到的。這項行動是由該博物館的桑佛德（Leonard Sanford）以及柏林自然史博物館的史崔斯曼（Erwin Stresemann）所發起，史崔斯曼可是當時全球首屈一指的鳥類學家。博物館給考察隊的特別任務是帶回一隻普拉氏秧雞（*Aramidopsis plateni*）的標本；當時這種鳥被認為已經滅絕，世人只從其殘留的一個標本知道牠的存在。在花了兩年時間搜索下，該鳥終於在一九三二年被重新發現。

為了想滿足他們的贊助者，考察隊一直設法找到這種秧雞。當兩年時間就要結束時，那個早已消失且搜尋已久的秧雞還是沒有出現。但考察隊捕獲的一批鳥類標本已經送到了柏林。史崔斯曼在檢查這批標本後，回報說其中包含了「驚人的發現」：重要的標本之一就是那隻夜鷹。

由於考察隊在敏娜哈撒省地區的發現，促使史崔斯曼聯繫了美國自然史博物館出名

原注 10 這種鳥唯一出現在自然保護區之外的紀錄，就是在一九三一年最早發現的一隻雌鳥標本，是在蘇拉威西島北邊敏娜哈撒省（Minahassa）的克拉貝特（Kelabat）火山腳下，靠近庫瑪里索特（Kumaresot）海拔兩百五十公尺高的一座森林中發現的。

的慈善家阿奇博爾德（Richard Archbold），請他再捐一萬美金讓考察隊能繼續工作[11]。

由於該隻夜鷹標本是由史崔斯曼所描述的，因此他享有命名的權利。他選擇了 *diabolicus* 做為種名，因此惡毒夜鷹成了這種鳥的俗稱。他選用這個名稱的理由，可能永遠都不會有人知道；但我猜測（半開玩笑地），他可能暗指這種全然出乎意料之外的希罕且寶貴的新鳥種，是由某些邪惡的力量產生的；同時多虧了他和桑佛德的努力，讓考察隊延長了停留的時間，才又發現了發出打鼾聲的秧雞。

畢夏普（K. David Bishop）與戴蒙（Jared M. Diamond）於一九九七年提出報告（他倆使用海恩利許夜鷹這個名稱），這種夜鷹直到一九九六年五月才又再度被人發現，地點也是在之前提到的羅瑞林都國家公園。這種鳥的分布地點顯然極為局限（又或者該地是賞鳥者一生中都想造訪一次的熱門地點？），但該地與六十三年前最早發現這種鳥的地點，相距有八百公里之遠，之後該地就再也沒有發現的紀錄；顯然，這種鳥的希罕性與局限性是真實的。在長時間的隔離狀態下，某隻惡毒夜鷹如果幸運地找到伴侶並待在一起，對於繁殖後代來說，絕對是占有優勢的。

原注 11 這項贊助讓考察隊終於找到了一對被認為已絕種的普拉氏秧雞。在抓到第一隻時，我父親說：「那是我這輩子最寶貴的捕獲物。」

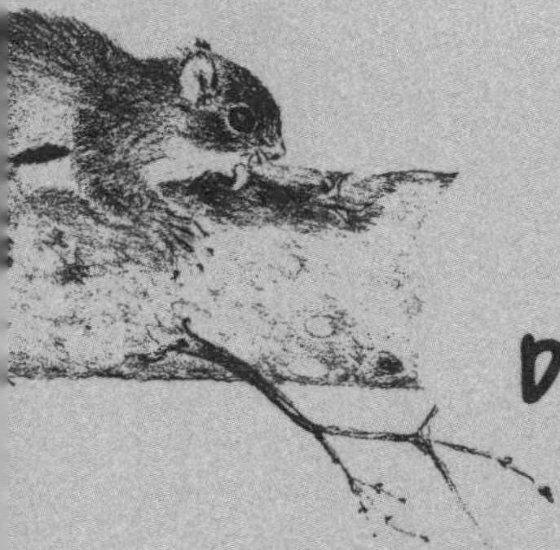

第四部

哺乳類

MAMMALS

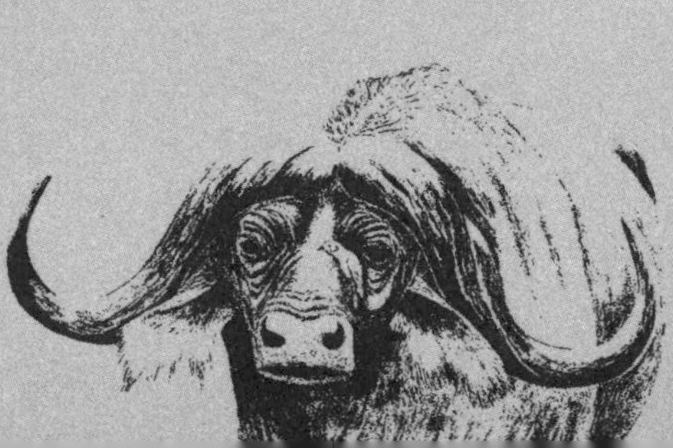

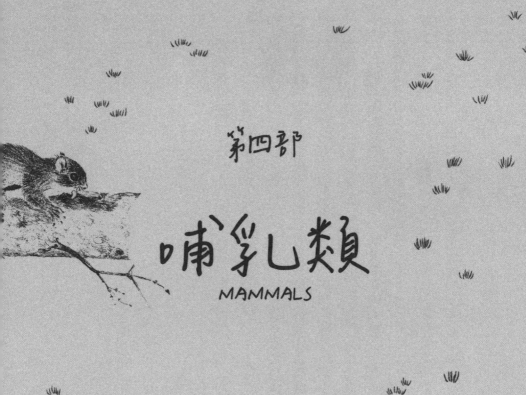

24 隱藏的甜食
Hidden Sweets

《自然史》（*Natural History*）一九九一年二月號，原題為〈胡桃鉗甜食〉

從我位於緬因州森林木屋的北面窗戶向外看去，是一片早已廢棄的蘋果園，如今正被快速生長的闊葉樹給取代，其中以紅楓和糖楓為主。在此，樹林占領土地的速度極快，為了維持木屋附近的空地與日照，我得與這些樹木進行持久戰。在清除幼樹的過程中，我經常選擇性地留下糖楓，因為我希望有朝一日能採集楓糖漿。但我不知道的是，我家附近的年輕楓樹早已被採過樹漿了，這點直到某個冬日我才發現。

當時我正在戶外觀察渡鴉，但世事常是如此，讓人最感興趣的通常是意料之外的事。一月底某個美好的午後，前一晚氣溫在攝氏零下十五度左右，我看到一隻紅松鼠在幼楓樹林間出沒，依次地在每棵樹跳上跳下。從雪地上反射的陽光照在平滑的棕褐色樹皮上，我心想，這真是個採楓漿的好天氣，並想像著我將來可能擁有的樂趣。但真正的採楓漿季節還有一個月，大多數採集楓漿者要到二月底三月初才會開始工作。我說大多數，因為眼前的紅松鼠可能是個例外。牠是否真的是在啃咬樹枝？

這時那隻松鼠已經吸引了我的注意，我看到牠不只在這些樹間跳上跳下，同時還固定停留在某些地點：那是幼糖楓樹乾燥、平滑的樹皮，上頭帶有黑溼的條紋。牠會沿著條紋，用牠粉色的小舌頭一路往上舔。至此，我不只是專心看著，同時還被迷住了。

▪美洲紅松鼠之前在一棵年輕糖楓的薄樹皮上啃咬，現在牠在樹皮傷口處收集蒸發的糖漿。

在我木屋附近的紅松鼠裡，至少有一隻已經習慣了我的存在。前一年夏天，有隻紅松鼠在我的一個鳥舍生養了一窩小松鼠。在木屋附近的紅松鼠一般是個麻煩，因為牠們會把木頭間的堵塞物給拉出，用作牠們窩巢的襯墊。我一再的驅趕沒有起到多少作用，反而讓牠們更為膽大。我只是教會了牠們，除了恫嚇以外，我對牠們無害。如今，這隻已被馴化的紅松鼠可讓我就近觀察，看牠熱切且專注地從一棵楓樹跑到另一棵。

在近至兩公尺的距離，我看著那隻松鼠用牠亮粉色的舌頭瘋狂地往上舔著一道條紋。接著，牠又匆匆舔上另一條，或是頭下腳上地爬下幼樹，以直線方式跳向其他的樹木。我想起進入糖果店的小孩興奮到難以自抑的畫面；結果發現，那可是個貼切的類比。這些松鼠（我很快地發現了三隻）是否真的是在採集楓漿，抑或牠們只是在啜飲楓漿，只因為從暴風雪後斷裂的樹枝傷口正好有楓漿流出？

我對松鼠行為的無知反而是項資產，因為那讓我發出這個天真的問題。如果我對紅松鼠的科學文獻更熟悉些，我就可能認為方才所見只不過是舔食楓漿罷了，不值一顧。由於我的無知，所以我準備進一步探索。

我後來得知，紅松鼠會採楓漿是早就為人所知的事。一九二九年，哈特（Robert T. Hatt）針對紅松鼠寫了本詳盡的書；裡頭提到紅松鼠會從斷裂的樹枝、啄木鳥鑽的洞，甚至是從牠們自己造成的樹皮切口處，舔食流出的楓漿。哈特還引用了自然學家沃頓

（M. A. Walton）對他心愛的紅松鼠記錄的一段話（一九〇三年）：

每年春天，俾斯麥在我木屋附近的樹木採集樹漿。牠從楓樹開始，後來則旁及樺樹。如果樹木還小，牠會從樹幹取汁；如果樹夠大，牠就從樹枝下手。牠會嚙破樹皮，直達木質，然後攀附在嚙咬處下方的樹枝或樹幹，舔食流出的糖漿。如果說樹皮上有個洞，其中有樹漿流出，俾斯麥是絕對不會錯過的。

其他還有許多有關紅松鼠「採集樹漿」或「舔食樹漿」的軼事，但沒有那麼長和詳細。一本一九五四年由連恩（James N. Layne）所著有關紅松鼠生物學的專書裡寫道：「當棲息地缺水的時候，樹漿可能是重要的替代品。」

只不過對我來說，松鼠是為了水分才舔食樹漿的說法，並不是我所看到的松鼠行為最好的解釋。的確，楓漿的水分含量一般至少在九八%，但新英格蘭地區產楓漿的時候，對冬日裡活躍的動物來說，水並不是希罕的資產，因為雪和融雪到處都是。如果說松鼠想要喝水解渴，那牠們有什麼必要跑這麼多路、從一棵樹爬到另一棵樹去找水喝，而不就近取積雪吃？牠們腳下就有取之不盡的水可以直接享用。

反之，我以為松鼠是在採集糖分做為能量來源。我對動物的能量學一直都有興趣；

我無法想像松鼠會大費周章地去食用水分含量在九八%的無味液體（我的看法）以獲取能量。松鼠喜歡高能量的食物。（就算是最好的樹（一般是長在空地且擁有大型樹冠的樹）生成的樹汁，也不會是有用的能量來源，除非經過長時間的煮沸，去除大部分的水分。美國聯邦政府規定，標誌為楓糖漿的產品至少得含有六六%的糖分（在此是蔗糖）。佛蒙特州規定，該州的楓糖漿至少要含六六．九%的糖分。）根據堪薩斯大學史密斯（Christopher Smith）的研究，紅松鼠一天的最低能量需求在十一萬七千卡（一百一十七大卡）。根據我的計算，如果松鼠靠啜飲樹漿來滿足能量的需求，那麼牠一天至少得喝上一百五十公升。顯然，這個數量超過任何松鼠的飲水容量。我愈想揣摩松鼠的行為，我也變得更投入。

如果我的猜想無誤，這些松鼠是為了採糖而非水，那麼牠們是如何識別糖楓的？牠們又怎麼解決從樹漿提取糖的問題？在我木屋附近，差不多有二十來種常見的樹種，但松鼠只會造訪其中兩種：紅楓與糖楓。紅楓樹漿要比糖楓樹漿稀上兩倍，松鼠顯然喜歡糖楓多過紅楓，對這兩者的喜好又勝過所有其他樹種。

接下來是如何取得樹漿的問題，這點可能沒那麼難解，因為松鼠擁有一對鋒利的門齒。對大多數樹種來說，在樹皮的形成層開個口就可取得一些汁液；但對楓樹來說，含糖組織並非位於樹皮內層，而是在其下方的木質部。這也是為什麼採集楓漿者要在樹上鑽個深達七．六公分的孔；如果在冬日只從楓樹移除一小塊樹皮，是不會有楓漿流出的。這一點，是我試圖複製松鼠留下、看似淺薄的咬痕時發現的，也讓我感到意外。

對想要採集楓漿的人或動物來說，另一個問題是楓漿流出的時間點。根據長久以來的經驗，以及近代詳盡的科學研究得知，氣溫的大幅波動是引發以及（部分）維持楓漿流出的原因。楓漿的流動出現在冬季、初春，以及秋天（程度較小），主要是夜裡起了霜，接下來白天的溫度又升高。不過，在樹木開始發芽時，楓漿就停止了流動，即便夜裡仍有起霜。

由於楓漿流動的有無以及時間點有各種奇異的特性，因此採集楓糖漿看來需要一組特殊演化出來的行為，而不是僅靠誤打誤撞。舔食碰巧從某棵樹上流出的樹漿來解渴是一回事，但是想要從楓漿中收穫糖分做為能量來源，而不只是耗費能量，卻是截然不同的事。這些想法促使我進行有系統的觀察。

松鼠舔食的楓漿條紋在樹皮上看起來黑得發亮；從表面上看，那就像是水痕；但在仔細查看下，就發現了不同。某日，楓漿流動正熾，我使用手持折射計測定了六十個楓漿樣本的糖分濃度。該工具一般是釀啤酒和釀酒者使用的，先前我研究熊蜂及其覓食行為時，用來測定花蜜的糖分。在少數一些從水平樹枝上切口、在樹枝下方收集往地面滴落的楓漿，發現其糖分在四％到五％。對生楓漿來說，這個濃度已是比一般高出許多，但仍然算不上高能飲料。在多數切口，楓漿是以細流沿著直立的樹幹或斜枝向下流，形成平均有四十公分長的流痕。在此，楓漿是利用樹皮的表面張力「捕捉」，就像是一根持續乾燥的燈蕊，樹皮將楓漿散布在一大塊表面上，好進行快速的蒸發。這些楓漿流痕已接近乾燥，變成黏稠的糖汁，其糖分含量都在六%以上，有時還高達五五%（這是我儀器讀數的上限）。我觀察到的松鼠幾乎都只是食用濃縮的楓漿，用牙齒以及舌頭將附著在樹皮上的一層糖給咬下，而避開仍在流動的稀楓漿。

這些觀察證實了松鼠食用楓漿是為了其中的糖而不是水。在陰天，氣溫維持在冰點以下時，是不會有任何楓漿流動的。但在我收集的六十個楓漿樣品裡，其糖分濃度都超過五五%。缺少新鮮流出的楓漿並沒有打消松鼠們的食慾，這是我頭一回看到有五隻松鼠同時進食。牠們攝食的幾乎是純糖，而無須滿足於含有大量水分的楓漿。事後來看，我的發現並不讓人訝異。冬日裡，空氣相對乾燥，因為低溫將空氣裡的水分凝結。如果天氣突然變暖（好比天放晴，楓漿開始流動），空氣可以吸收更多溼氣，蒸散作用快速，因此楓漿流動與理想的蒸散作用情況正好同時發生。

紅松鼠所做的，並不是隨機造訪正好有糖的楓樹傷口；牠們會有技巧地在樹身製造傷口，作為楓漿流出的開口。我看見的並不是什麼「天然」的斷裂傷口，我所見數以百計的傷口都是經松鼠造訪後留下的。這些傷口獨特，很好認。

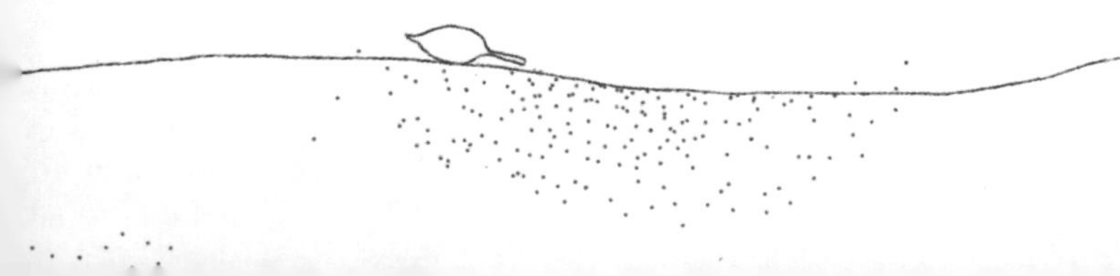

松鼠是以有系統的方式製造樹上的傷口，單從表面上看，牠們只是隨意地停留一秒鐘或更短時間，在樹木的枝幹上咬上一口；但這些可不是隨便的一咬。前面提過，想要讓楓漿流出，必須穿刺至樹皮下方的木質部。松鼠的每次啃咬，是由上下兩對門齒乾淨俐落的一掃，鑿出一個兩毫米的刺孔。由松鼠牙齒刺入造成的啃咬傷口，通常會在樹皮上留下淺淺的捲曲。在咬下一口時，松鼠並未試圖移除任何樹皮，牠們的穿刺行為也與在樹皮上進食無關。再來，這些松鼠在一根樹幹咬了一口後，通常不會等待任何即時的報償，馬上就移到下一個地點。只有在過了幾個小時或幾天後，牠們才會重新造訪這些傷口。我在緬因州和佛蒙特州其他三十二處地點中的十九處，都在糖楓幼樹上發現了完全相同的啃咬痕跡。

這些松鼠對於選擇哪些樹進行啃咬是很挑剔的。一月二十八日那天，我在木屋附近空地檢查了十五棵糖楓幼樹，一共發現了一百五十八處咬傷。然而在七十三棵其他樹種（包括二十五棵紅楓，二十棵白樺，二十棵白楊，八棵蘋果樹），卻完全沒有發現咬痕。一個月後，我再度檢查了這些樹木，發現每棵糖楓樹上的咬痕數目增至三倍，但其他樹種卻依然沒有咬痕。夏季裡，沒有新的咬痕出現，但在十一月底，在一個寒夜過後緊接著兩個溫暖的白日，松鼠的啃咬行為馬上就重啟了。

對於松鼠能分辨出紅楓與糖楓這點，讓我感到驚訝，因為這項工作對大多數修習我冬季生態學課的大學生，都是艱鉅的任務。但我猜想，松鼠可能不是從樹芽或樹皮的形態來做樹木的分類，而是根據化學：松鼠靠氣味來偵測食物的能力，可是眾所周知。

這些松鼠經常在進食過後，製造樹皮上的傷口。如果說先前的切口產生出了糖，那麼那棵樹很快就會有第二個切口。由此產生的正向回饋環將使得產出高糖濃度的樹身上，切口的數目增加。我在一棵紅楓樹上很少發現超過六個切口，但一棵小糖楓樹上最終可有多達一百零二個切口。

不同楓樹所產生的楓漿，其數量和濃度都有很大的不同。舉例來說，在森林深處擁有小樹冠的樹木，比起空地上生長茂盛的樹木（好比靠近我木屋的樹），產生的樹漿要少。這也能解釋為什麼松鼠喜歡從附近的針葉樹林中跑出來，到我木屋周圍的糖楓灌木叢裡覓食。

傑可布斯（Lucia Jacobs）曾在〈灰松鼠的貯藏所經濟學〉（《自然史》（*Natural History*）一九八九年十月號）一文中指出，灰松鼠擁有很好的記憶力，同時會貯藏食物，好讓牠們過冬，直到來年春天。紅松鼠也會貯存食物，顯然對位置擁有良好的記憶。在我的印象裡，有些松鼠（特別是靠近我木屋被我馴服的那隻）確實會按相當固定的路線造訪樹木。這種印象從牠們在雪地上留下的腳印得到佐證。某天夜裡，下了一場薄雪，一公分多厚的新雪落在已經深積變硬的雪殼上。我追蹤著前往及離開我的糖楓小樹林中每一棵樹的雪地足跡，以找出哪些樹松鼠造訪的次數最多。我是在上午十點到十一點之間進行調查的，那是在松鼠享受完清晨甜點、回到森林後不久（許多松鼠會在下午稍晚再次造訪）。寫在雪地上的，就是牠們選擇的紀錄。在九十三棵帶有咬痕的楓樹裡，松鼠造訪了七十四棵，而十五棵沒有咬痕的糖楓裡，都沒有松鼠造訪。在一百一十三棵沒有咬痕的其他樹木，只有七棵有松鼠爬上的痕跡。看來松鼠是會專門造訪那些先前製造過切口、並產生楓糖漿的糖楓樹。

每個糖楓切口生出的糖量，在幾小時內可有巨大的變化；但平均來說，每個切口可產生八十一毫克的糖。以每毫克糖含三・七卡計算，一隻松鼠在每個切口可食入約三百卡。雖說松鼠可在一分鐘或更短時間內就獲得這份糖量，但對一隻成年雄松鼠每日的能量需求來說（約十一萬七千卡），還遠遠不夠。顯然，松鼠不可能靠這份甜點當作穩定的食物；因為冬季裡經常有許多星期完全沒有楓漿的流動。再者，在松鼠的棲息地附近，不見得都有糖楓樹；牠們還是得靠針葉樹的種子過冬。

雖然從楓樹採集楓漿只能滿足一小部分松鼠的總能量需求，但對生物社群的一些其他成員來說，卻可能是主要的食物來源。在北美洲糖楓生長的地區，可發現一群十來種到五十種不等、在冬季活躍的蛾。這種蛾屬於夜蛾科，活動時是溫血動物。由於牠們的代謝率高，因此需要大量的食物能量。大多數蛾和蝴蝶是以花蜜為食，但這種冬日裡活動的蛾是從何處取得能量，之前都不為人所知。我在研究這些蛾時，需要有穩定的供應；我會把稀釋的糖漿抹在樹上，以便能固定取得大量的蛾。如果說這種蛾也食用松鼠所提供的楓糖漿的話，那麼牠們在冬日裡的活動能力就取得了部分的解釋。

在曉得紅松鼠是採集楓糖漿的好手後，我不免尋思，人類是如何學到從楓樹流出近乎無味、像水一般的液體，可以製成美味的食物。我願意相信人類可能是從紅松鼠的示範才學會的。

25 冬眠、保暖以及含咖啡因

Hibernation, Insulation, and Caffeination

《紐約時報》（*New York Times*）二〇〇四年一月三十一日

一位榮退教授在攝氏零下二十九度的天氣，裸身在雪地裡翻滾，並像個妖怪般大叫著；他要麼是從季節性情感疾患中突然好轉，要麼是展現出些許自誇的舉動（我承認，可能不止一些）。不論是哪一種，在經驗了短暫的心智變化狀態後，二十秒後我就急忙跑回了蒸氣浴室。

這個事件發生在我冬季生態學課每年一度長達一週的集會，十來位修課的生物系學生齊聚在我位於緬因州西部森林的木屋。這個集會的目的，是暫時放下書本，親身體驗自然；因為就算是最聰明的學者，除非親自品嘗，也學不來咖啡的味道。我們選擇一月中旬來品嘗冬天。那是個好時節：大地上到處都是雪，氣溫也合適。附帶說一句，每位參與者都活了下來，無一例外。

在寒天中撐上半分鐘與整個冬天都在戶外生活之間的差別，可不是一點點。動物可以向我們展示牠們是怎麼做到的，而且牠們的方式可是驚人的多樣化。從一個正常人的自身經驗得知，人類想在冬季生存的幾個主要因素是：保暖、燕麥捲以及咖啡（這一點稍後再說）。在這種環境下的大多數人都不至於缺少熱量或飲料，因為我們總是能找到一家商店。

但對於頭一項要素，保暖，我就沒那麼有把握了。保暖的關鍵是多穿幾層衣服，或維持一層密封的厚實暖空氣。我身上穿的 L. L. Bean 牌子的衣服通常夠用，但我從經驗中學到，夠與不夠取決於你身在何處。好幾年前，我在北邊因努特人的地盤，那是一個養滿了狗的小村莊，有近二十公斤以海象脂肪製作的「香腸」埋在附近的凍原裡，讓它在永凍土層內緩慢發酵。我看到有些人把足量的燃油罐裝在雪橇上，可讓他們的山葉牌機動雪橇來回北極至少一趟。我問他們可否捎上我，得到的答案是：「不行，除非你換掉那身白人穿的衣服。」

於是我買了一雙長度直達手肘的海狗皮手套，以及一件以手工製作的精美馴鹿皮帶頭套外套，長度直達膝蓋，邊上還鑲了狼毛。同行者借了我一雙海狗皮靴以及一條馴鹿皮長褲，讓我一切就緒。我看起來就像傳說中的雪人，但我感覺自己像個國王。我在零下四十度的夜間氣溫中駕著雪橇跑了近一百公里路，依然感覺溫暖。天亮前，我們來到一處捕捉斑鮭，以及狩獵狼和馴鹿的營地，捕到的斑鮭就像木材一般堆得老高，剝了皮的動物屍體則四處散落著。我學到的教訓是：在極北之地，如果你想和其他溫血動物一樣自在行動，你就必須穿得和牠們一樣。

大多數生活在北方的哺乳動物會在深秋時分換上一身更為緊密厚實的外套；至於引發毛皮外套轉換的訊號是「光照週期」，也就是白天與夜晚的相對時數。源自熱帶地區的靈長動物，人類，靠著取用哺乳動物的毛皮得以在北地存活；至於人類晚近發明的替代衣著可以湊合使用，但相比之下遜色太多。

以單位重量而言，鳥類的保暖裝置甚至更好。山雀可在天剛破曉、氣溫最冷的清晨就起身尋找食物。牠們的核心體溫比我們的還要稍高一些，同時牠們的保暖羽毛層還不到兩公分半厚。牠們經由抬起羽毛來降低經由羽毛的熱量流失，那也是為什麼許多小鳥在冬天看起來更圓更胖的原因，即便是牠們的體重在過了一夜之後有所下降（會在第二天又補上）。

要是沒有持續的熱量產出，將羽毛撐起來減緩熱量流失也只是治標。熱量生成需要食物提供燃料，而在冬季取得燃料的成本，隨著燃料供應的下降，可是直線上揚。那也是為什麼包括人類在內的其他過冬動物都需要不時地降低體溫、依偎取暖，以及尋找庇護，來降低燃料成本。

北方飛鼠會露宿在以香柏及樺樹樹皮碎片製成的溫暖巢穴中，牠們還可能同性成群

（多達十隻或更多）地依偎在一起。反之，花栗鼠會在秋天來臨前就在地底的巢穴裡貯存食物，靠這些食物過冬。牠們也可能進入淺蟄伏狀態，特別是貯存的堅果用罄時。土撥鼠會把能量貯存在體內的脂肪，然後在整個冬季進入冬眠狀態。還有許多不具備這些節能技巧或無法取得充分食物的動物，就被迫在冬天來臨前遷徙了。

看了不同動物如何選擇過冬之道，可以看出為了解決同樣的問題，會有不同但又一致的模式。其中讓人著迷之處，是看著這些不同的解決之道，是如何針對特定的情況進行微調產生的。

修習我冬季生態學的學生為了度過這個星期，準備了大量的食物供應。我愉快地審視著成堆來自佛蒙特州的起司、佛羅里達州的柑橘、加州的葡萄乾和堅果、中西部州的麵粉和燕麥，以及以可可、糖和牛奶（來源就都未知）製成的巧克力。每回走入森林時，我們都帶足了零食在身上，因為一路上我們是找不到任何可以吃的東西的。就算我們隨身帶著矛與弓箭想要獵取午餐，也將難以存活下來。

我在十來歲時，曾有過一個浪漫的想法，希望能在這些森林中以原始獵人的方式生活一年，靠大地存活。後來我曾在一棵樹上連續幾天都坐上幾個小時，希望能發現鹿的蹤影。由於坐的時間夠長，讓我意識到即便有外來的能量補充，我所消耗的能量也遠大於我能引進的。我吃進幾根糖果棒的熱量很快就被我的顫抖給消耗殆盡，發散至冰冷的虛空之中。

我不免思想起冰河時期的尼安德塔人在中歐森林生活時可能使用的策略；當地沒有海岸地區的富足，但他們卻在那裡生活了數千年。他們是否會像熊一樣也冬眠呢？當食物充分時，熊會大嚼大嚥，讓自己變胖，然後長時間維持不活動狀態。我們當中有些人似乎也朝這些方向產生了預適應（pre-adapted）；我很好奇如果適應完成了，這些人會怎麼看人類這個物種，反之亦然。

冬季裡，我經常在下午四點半左右、天色變暗時，就感到發睏；同時早上非等到天亮了才醒得過來。人工照明可能會讓我清醒的時間長一些，但長不了太多。一天就幾小時的清醒時間，我也能過下來；我確定照明可以延長一端的清醒時間，有杯咖啡則可以延長另一端的時間。

或許我是季節性情感疾患的受害者，行動變得遲緩，心情則鬱悶。有人認為這是種病理狀況，我卻感到懷疑。如今我傾向的想法是：那不是種疾病，而可能是適應性冬眠反應的殘留痕跡。如果你生活在樹林中，光線黯淡，木屋寒冷，洗個蒸氣浴後，裸身在雪地裡嬉鬧玩耍，可能是冬季生存之道，給你來點刺激，讓你清醒過來。

26 與象同居：進食關係

Cohabiting with Elephants: A Browsing Relationship

《自然史》（*Natural History*）二〇一七年五月號

我很早就接受了下面這個觀念：自然界生態的平衡，是建立在由植物、草食動物、肉食動物，以及其他生命組成的複雜關係網上，其中一個成員的命運可能對其他成員產生骨牌效應。

去年秋天，我人在靠近赤道的波札那共和國奧卡凡哥河三角洲（Botswana's Okavango Delta）上的莫雷米野生動物保護區（Moremi Game Reserve）。該地是地球上最原始的荒野之一，可能保存著更新世（距今兩百五十萬到一萬年前）的代表性動物相。維持這片廣大的荒野之地，是國家使命：該地禁止狩獵、伐木、放牧，及工業式農業。我是在雨季開始前到達的，保護區內有些樹木已開始發芽。但我發現自己身在一片看來像是樹木的殺戮場：許多倒塌的大樹，有的是新近倒下的，有些已在地面腐朽。如果我是在家鄉目睹這幅景象，我會猜那是由天氣造成的，例如風切力、暴風雨或冰風暴，又或者就只是由伐木造成。在這片處女荒野中，還有一事讓我訝異，同時也牴觸了另一項我珍視的生態觀念：在整個遭到破壞的大地上，有大片幾乎由單一物種組成的低矮樹林，那就是香脂樹（*Colophospermum mopane*）。同樣地，許多（就算不是大多數）遭到破壞的大樹也是香脂樹。

熱帶地區的樹種，可是出奇地多樣；這種多樣化隨著離開赤道的距離愈遠而遞減（可能的理由有好些）。這種多樣性所維持的環境，使得許多動物物種得以存活，因為一種動物的存活仰賴著其他物種。在動物相豐富的波札那，理應有許多樹種。有些區域有茂密的樹林；但這些香脂樹林覆蓋了南非共和國北部、波札那、馬拉威、桑比亞、辛巴威、納米比亞、安哥拉，以及剛果共和國的大片土地。為什麼這些區域的樹種多樣性這麼低，而非洲，特別是南非，卻擁有高度多樣化的植物與動物？波札那奧卡凡哥河三角洲這片地面多水的熱帶地區為什麼樹種那麼少呢？

上述問題的線索之一，可能是香脂樹的形態變化。成片生長的香脂樹有三種主要的樣貌。在半開闊的森林中，香脂樹長得巨大，與其他高大的樹木為伍，例如相思樹、黃皮金合歡（發燒樹）、雨樹和風車木。在此，它們的高度可以達到三十公尺。在另外一些香脂樹林，樹都只有兩到三公尺高，就像未經梳理的巨型葡萄藤架，均勻地朝各個方向伸展。還有第三種形態，樹身有時高至十五公尺，同樣均勻地朝四方伸展。香脂樹這種多變的形態與分布，顯示它不是生活在一個由其他生物製造或適應的長遠且穩定的生態區位，而是在一個對各種方式的突發掠食壓力或氣候變化，所產生因應的區位。

有種體型碩大的香脂樹大天蠶蛾會把卵串產在香脂樹的樹葉上，而香脂樹葉是蛾幼蟲在各個成長階段的主要食物。香脂樹容易從這種俗稱「香脂樹蟲」的傷害中存活，而真正傷害它們的是一些巨大且更具破壞力的東西：大象和長期乾旱是顯而易見的嫌疑犯。

我造訪該地期間，大象正開始返回這片荒野，並以長出新葉的香脂樹為食。之前乾季月份，牠們聚集在夸伊河（**Khwai River**）的水域。我們在一天的旅程中，看見了四十九隻大象。根據導遊所說，當溼季正盛時，隨乾旱的地理週期而定，一天可以看到六百到八百隻大象。

除了大象和香脂樹蟲外，山羊、牛、扭角林羚和飛羚都喜歡吃香脂樹葉，那是因為其中的含氮量高（豆科植物的特徵），也可能是由於含水量。大象能搆著年幼香脂樹的頂部，也能吃到高大香脂樹的低矮樹枝。香脂樹的形態，可由大象進食發生的時間所形塑。在高度都是兩到三公尺的香脂樹區域，每棵樹都從基部朝幾個方向發枝，形成了不止一個主幹；這想必是香脂樹先前的頂部與枝椏被斲斷之後發生的事。在長了高大香脂樹的林地，離地六公尺以內都沒有枝椏，因為大象搆得著那些枝椏。這些香脂樹在幼年時逃過了大象的吃食，原因很可能是當時大象沒有出現。一旦這些樹長到一定高度，就算有大象將低矮的枝椏清除，它們還是能集中於頂部的生長，有些形成了巨型的傘蓋狀。至於大象搆不著它們頂部的中等高度香脂樹，之前曾被大象給推倒在地。每頭非洲大象體重在三到六噸，少有樹木能逃過牠們毒手。最大的一些樹木會是大象最後選擇的對象，因此可以存留更長時間。其中有些大樹沒有被大象推倒，而是樹皮終究被象牙給剝去幾公尺的寬度。失去樹皮的香脂樹最終會變弱、死去，剩下枯幹矗立。但香脂樹還有個特殊的生理，給樹的情況增添了另一層變化空間。

大象，或是持續過久的乾旱，都有可能消除一塊區域裡的所有樹木。先前有大批樹木死亡的區域會有樹木重新進入，其中也會有香脂樹的重新生長。當大象返回時，牠們可能青睞某些樹種，終究導致那些樹種於當地絕跡。我們接近奧卡凡哥河三角洲的門戶城市茂翁（Maun）的路上，看到幾乎所有小型的相思樹都被大象吃得很嚴重，許多都近乎破壞殆盡。但進入只有幾隻或完全沒有大象的城裡，大型的相思樹依然挺立。如果說人類突然消失了，大象將受到牠們喜歡吃的相思樹吸引，進入先前人類居住的環境，把這些大樹低矮的枝椏吃光。這些大樹將轉而朝向頂部生長，形成一片擁有高大傘蓋樹木的開闊林地。接下來許多大樹會被大象推倒，森林將遭到摧毀。假使這些食樹的大象消失了一段充分的時間，將會有其他樹種取代生長。因此，吃食者出現的時間點將決定樹的形狀。

同樣地，香脂樹也受到大象嚼食的強烈選汰壓力；兩者之間很可能擁有百萬年來共同演化的關係。做為大象的飼料，是這種樹明顯的缺點，但可能變成一項優點，一如大草原上的草已成功地演化成依賴牛羚的吃食。大多數的樹木被大象推倒後很快就死了，但中等高度的年輕香脂樹被大象推倒並吃食後，一些根部仍然保持在土裡。不像其他死去的樹木，它們不但能重新復活，同時從倒下的整根樹幹上還能向下長出許多根部。新的枝椏從仍然存活的樹幹上冒出，向上生長，成為新的直立樹幹；因此，從原本的一棵樹上，發出了好幾棵樹。同樣地，遭大象吃食的年輕香脂樹也會長出新枝椏。動物在吃食植物果實時，幫助了種子的散播；因此，大象對香脂樹造成傷害，也幫助了該樹的繁衍。十二月的第一個星期，我造訪了這個區域，我追蹤了一些長了三十公分長的新枝，而這些樹還有七個多月的生長時間。有這樣的生長速度，難怪這些樹能存活下來，並生長茂盛。這些樹的不同形式形成了一片片相對一致的區域，表明了大象在過去某個階段的缺席，使得這些樹在大象重新展開大幅吃食前，能有持續的生長，達到不同的程度。

在與大象共同生活的生物裡，香脂樹不是唯一的受益者。當大象把許多樹木推倒或殺死，留下其中最大的樹種時，就製造了一個類似公園的環境，只不過其中不甚整齊。陽光照射至地面，青草從地面發芽。在附近水域穿梭進出的河馬，為了吃草，製造了水道，讓河水散播。在溼季開始時，我看見成叢的野草、草本植物以及樹苗從地面冒出。

飛羚成群結隊，帶著牠們新生、活躍的幼羚；野狗和花豹則跟在左近。所有草原上的草食動物，以及灌木林和樹林中的生物相，都可能欠了大象的情。在見到這一幕之前，我對於時間與生態接替的因子沒有太多體認。由於體型與力量的巨大，以及長距離的遷徙，大象模糊了時間與地點的生態邊界。從長遠來看，牠們決定了非洲大部分的地貌。

27

狩獵：觀點問題

The Hunt: A Matter of Perspective

《自然史》（*Natural History*）二〇一七年三月號

奧卡凡哥河三角洲的清晨，群鳥正開始展開大合唱。我們在莫雷米野生動物保護區內一處沒有遮擋的空地，擠在悶燒燃盡的篝火邊上，頭上則覆蓋著高大的風車木。我們波札那狩獵之旅的領隊拉斯．孟都（Ras Munduu）若無其事地走到空地邊上，突然往回跑，口中叫道：「快，快，趕快上車！」在聽了一夜鬣狗、河馬以及獅子的叫聲後，我們一行四人跟在他後面爬上車。他說：「有狗！」

瘋狂開了十分鐘車程後，我們發現自己身在一片草原，其中有十七隻非洲野犬（*Lycaon pictus*），牠們在一座舊白蟻窩遺址上的乾草叢裡打滾，附近夸伊河的一條綠色水道上籠罩著一層薄霧。河馬已結束牠們的夜間漫遊返回，並預見當天會是另一個攝氏三十八度高溫的天氣，而把全身都浸在河水中，一旁則有鱷魚在曬太陽。大象前來河邊喝水，超過兩百隻的非洲水牛在夜裡就來到河邊，此時還有牛背鷺和啄牛鳥相伴。

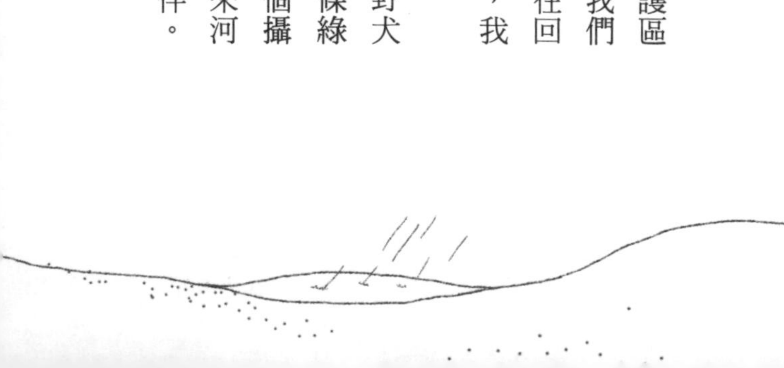

我們聽見遠處有獅子低沉模糊的吼聲。這些野犬自在地玩耍，看起來就像一群精瘦、塗了顏色的雜種狗，每隻身上都有黑色、黃色或巧克力色斑點形成的獨特花樣，每隻狗的行為都不相同。

這些野犬在我們側邊敞開的豐田越野車旁廝混，對我們毫不理會，讓我們以為自己像是穿了隱身斗篷。但我們都接到了嚴重警告，絕對不要把手或身體伸出車外，或出聲講話。這輛越野車似乎是我們與野生動物之間相互承認的安全區，其中有訂好的規則與承諾。

野犬當中的一隻突然站直了身子一動不動，豎起一雙大耳，眼睛直視遠方。其他野犬也都照著做了，包括我們在內。從我們的位置，只能看見一大片被大象吃食過的低矮香脂樹林。點綴其中的雨樹和發燒樹在六公尺高度以下的枝椏也被大象和長頸鹿吃得精光。向狗群發出警報的那隻野犬突然跳躍

■非洲水牛

飛跑起來，其他野犬也朝著大致方向分散著跑去。追獵於焉開始。我們的車也跟著牠們開去。拉斯說：「牠們可以一直這樣跑下去。」雖說「一直」是有些誇大了，但當時天氣還涼爽，這些野犬和牠們追獵的對象將不容易因為體溫過熱，而慢下來。

經過幾分鐘開車瘋狂追逐後，我們看見了一群斑馬。有隻野犬改變了方向，朝著這群斑馬跑去；但這群斑馬並沒有逃走，而是形成一個圓圈，把小馬圍在中間。斑馬群中有隻斑馬走向前挑戰野犬，於是這隻野犬向後退去，重新加入犬群離去。車行又過了幾分鐘，我們看見了飛羚，那是一種體態優雅的小號羚羊，跑起來比野犬還快。然而不到十分鐘，我們身後的灌木叢中就傳來洩漏真相的羊叫聲，顯示殺戮正在進行。小飛羚出生後幾個小時就是敏捷快速的跑手，但還是跑不過一群野犬。牠們的母親將牠們藏在灌木叢中，自己當作誘餌跑開，然而這些小羚羊必定是被趕了出來。野犬群從灌木叢中冒出，帶著三隻小羚羊的殘骸；一些野犬還在爭奪其中部分，其他一些則四處躺著，撕裂並咀嚼著羚羊肉。整個追獵過程中野犬都保持安靜，但這時有些野犬發出高頻的吱叫聲，一面接近那些已經飽餐一頓的野犬，乞求後者能吐出一些方才匆忙下肚的食物，好讓牠們分享。

這些野犬形成一個團隊，成功的狩獵仰賴團隊的合作：從一隻野犬的追殺中逃脫的獵物，很可能不小心碰上另一隻野犬；但團隊規模不能太大，以至於資源不夠分享。如同狼群一般，非洲野犬群中只有一對能交配繁殖；這種交配特權根據的是自身優點，在野狼和非洲野犬當中取決於地位與力量，也代表著健康與遺傳基因。一如追獵行為，繁殖的分工可讓某些成員在其他成員進行狩獵之時，照顧一窩小犬。

在目睹這場追獵之前，我們都讚嘆飛羚和小飛羚優雅美麗的身形，牠們有著最迷人纖細的四肢，以及最動人的歡快奔騰跳躍，很難不讓人與之產生共情。但對於這場追獵的結局，我們並不能完全保持中立，我們被野犬給震懾住了，不自覺地站到了牠們那一邊。我們看著牠們的策略開展，也感到自己參與其中。我們是冒牌的掠食者，回到了曾經在此狩獵的更新世人類祖先的心態。他們可能也擁有像這群野犬般的社會系統，同樣也食肉。由於是兩足動物，他們善於奔跑，同時他們也會將狩獵所得帶回家或洞穴，與其他人分享。我們受到相同的本能吸引，只不過我們的戰利品是影像與故事，希望能帶回家仔細回味並與他人分享。

在波札那野生動物保護區，到處都是掠食者，體型從小到大都有；雖說一連三天我們每天都花上十小時開車四處探索，但到那時為止，我們還沒見著獅子。不過每天晚上，聲音在較涼快且潮溼的空氣中傳播得更遠時，我們聽到過好似遠方雷聲的隆隆作響，且以有韻律的方式發出。第四天晚上，我們再度聽見遠方傳來這種隆隆聲時，拉斯宣稱有獅子在六到七公里開外。次日清晨五點鐘，我們又聽見了這個聲音，拉斯發動豐田越野車的引擎，向我們叫道：「出發！」我想那是說給觀光客聽的話，好激起他們的興奮情緒；在這片有四千八百七十平方公里的廣大原始荒野中，他是不可能找到某種特定動物的位置的。不過我們還是聽話上車，展開另一天的狂獵。就像第一天一樣，不論我們可能看到什麼，單純就只是速度、期待、可能的發現、驚奇，以及有同道中人作伴，就注定讓人興奮。

這一路我們穿越樹林和草原混雜之地，往下來到顛簸和多彎道的單線沙道。第一波雨水讓黃褐色的乾燥土地上開始冒出青草的新芽。在我們眼中這片地形是平坦的，但對波札那人來說，那是夸伊河形成的許多淺小淡水湖之間的一塊塊突起高地，上頭長了高大的樹木。億萬年前，風帶來了白沙，並形塑了這些高地。每年的一月和二月，大雨過後的洪水從安哥拉朝南流，使得該地適合生命孳生。河馬製造了水道，幫助了水的散播，白蟻則在樹木生長之處建立了高達六公尺的土丘。

車行約半小時，我們停下來給一隻長頸鹿照相。一如保護區內所有動物，牠對車內的我們毫無懼怕。一開始我們只聽見鳥鳴聲，接著我們聽到一連串低沉的隆隆聲：我們接近獅子了。不到十分鐘時間，我們就看到前方一座廢棄蟻丘的平頂處，躺了一頭帶有粗濃褐色鬃毛、灰色面孔的成年雄獅，目光朝向遠方。我們的車子開到離牠不到五公尺距離，近到我們可以看清牠稀疏體毛上散布的蒼蠅。我們所有人都無法把眼光從牠身上

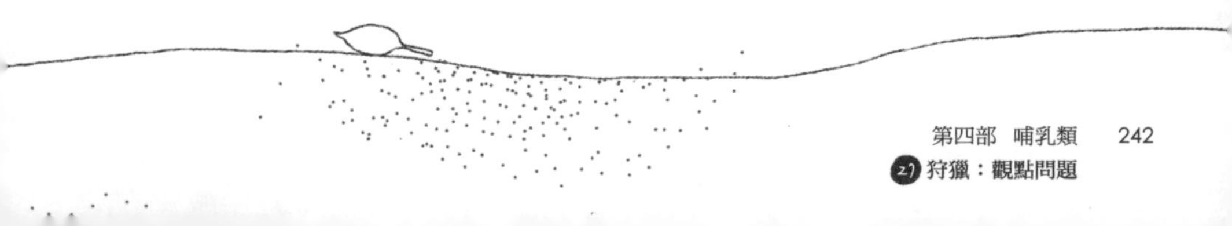

移開，但牠對我們不屑一顧，連轉一下頭也不願意，而只是望向遠方。過了好幾分鐘，牠才緩慢地轉過頭來朝向我們，我們也才看清牠黃色的明亮雙眼。牠打了個哈欠，露出巨大的咽喉以及一排讓人印象深刻的牙齒，就又轉過頭去，恢復牠半瞌睡的狀態。另一頭較年輕的雄獅，牠的同伴，躺在約兩百公尺外的地方，同樣也在放鬆狀態。雄獅經常會與另一隻雄獅結伴（通常是同胞手足），好擊敗領導獅群的雄獅。

這兩頭獅子的吼叫，為的是宣示領土以及嚇退挑戰者。根據拉斯所言，牠倆的雌獅群也在附近，至少是在聽得見牠們吼聲的距離，就幾公里遠。我們觀看了十分鐘或更長時間，年紀較大的獅子開始激動起來，先發出幾聲輕柔的吼叫聲。接著牠的腹部起伏，吼叫聲變得愈來愈響，牠的頭也抬得愈來愈高。在如此近距離內聽到這樣的聲量，讓我們不禁都目瞪口呆。我們停留了半個小時觀察這隻全然野生的動物，但牠對我們的注意力不會比一隻織巢鳥或長尾輝椋鳥更大。拉斯猜測牠和年輕的夥伴為了守護領土與獅群，正準備一戰。單是一頭獅子是沒有可能對抗這對正掌權的獅子的，牠們的挑戰者很可能是一對生活在同一地區、剛發育成熟的五歲大兄弟。拉斯認為挑戰者與這對獅子旗鼓相當，後者維持了領導地位已有三或四年時間。如果挑戰者成功了，牠們會將衛冕者獅群中的幼獅都殺死，這麼做將使得雌獅進入發情期。

在這種競爭中，雌獅是共謀者。為了保證幼獅的存活，牠們會鼓動對領導者的挑戰。

問題是雌獅如何決定跟誰會有最好的未來？牠們會假裝發情，引誘新來者與之交配，而導致了後來的戰鬥。對母獅來說，年輕挑戰者的成功，代表牠們將有更長期的安全。

• • •

我們在莫雷米野生動物保護區的尋找頂級掠食者之旅是成功的，帶回的戰利品是影像與故事。接下來，我們繼續尋找較小的獵物。車行一小時後，我們停下來給一隻洋紅蜂虎照相，牠華麗的紅藍色羽毛漂亮得驚人。拉斯把車開到牠們的源頭，那是有數以百計這種鳥結集的繁殖群落。這種鳥通常是在河岸高處築穴作巢，但在奧卡凡哥河三角洲沒有河岸，因此這群洋紅蜂虎是在平坦的平原上築了數以百計的洞穴。在這群騷動的鳥群中，出現了一隻鳶，或許牠是想獵取年輕或受傷的雛鳥。還有一隻短尾鵰在我們頭上直上雲霄。當我們駛離開這片鳥群，經過一片低矮的相思木叢林時，在樹蔭下看到有兩頭雄獅並排躺在那裏。拉斯宣稱牠們就是那兩隻五歲大的同胞兄弟，是我們方才造訪過的兩頭獅子的挑戰者。

我們又花了同等時間觀看這兩頭獅子，但牠們沒發出聲音。拉斯說：「獅子很懶，牠們在觀察兀鷲，以便發現哪裡有新的獵殺發生。」有隻短尾鵰仍在天上飛，但其中一隻獅子只朝著另一方向的天空望著。終於，我們看見了一隻，然後是兩隻兀鷲直往上飛，然後逐漸下降一些。這隻獅子全神貫注，目光朝上緊盯著不放，另一隻獅子仍四肢伸直，躺平在地，似乎睡著了。頭一隻獅子站了起來，緩步走到離我們越野車只有一兩公尺遠處，眼睛仍朝著兀鷲下降位置的方向看著。牠繼續漫步著，連一次都沒有回頭看我們。終於另一隻獅子也反轉身來，帶著顯然增加的關注，看著牠的兄弟。

在那一刻，我們決定跟隨那隻領頭的獅子。我們把車開到牠前頭，然後轉了個圈子，在樹叢中占好位置，希望能攔截到牠。果不其然，不久後那隻獅子出現了，並展開穩健的小跑步伐。牠一路穿過高聳的草地，然後爬上一座蟻丘，我們也把車停在附近。不到一分鐘，另一隻獅子也以小跑步出現了。與兄弟會合後，兩頭獅子並排站著，觀察兀鷲；那時已有好幾隻兀鷲停在了樹顛。拉斯說：「我們得理出點頭緒來。」他推測這些兀鷲沒有下降到地面，是因為執行這場獵殺的動物（可能是頭花豹或獵豹）還在附近。這兩隻獅子也在等待掠食者的離去，這可能要花一天或更長時間；我們看不到這場戲的結尾，於是就離開了。

幾天後，我也離開了豐田越野車隱形斗篷的庇護，人在一萬兩千公尺高空、時速近一千公里的飛機上。十六小時的飛行時間讓我有時間回想過去幾天的所見所聞，以及經驗了近乎二到四百萬年前的人類祖先在更新世環境中的生活。約四百萬年前，人類祖先露西留在坦桑尼亞來托利（Laetoli）的腳印化石有了新的意義。當時可能有一批類似的動物在這片土地上漫步，做著和今日動物相同的事。南猿（*Australopithecus*）或之後的猿人，將聚居在有固定水源的所在；小而獨立的族群能產生快速的演化。危險代表著死亡頻仍，選汰的壓力強大。肉類的供應充分，特別是集中在靠近水源處。如果說獅子能鎖定鬣狗、花豹以及野犬的獵殺，我們的祖先也行；他們也可能靠著追隨兀鷲鎖定目標，只不過用的是兩條腿。他們可能等待著，當白天的熱浪產生上升的熱氣流，鳥類隨著氣流盤旋偵查地面，掠食者則懶散地在樹蔭下休息，沒有意願到處走動。人科動物可以藉由出汗而容忍高溫，同時以太陽的照射來說，他們的表面積較小，再加上有毛髮和黑色素的屏障，因此對高溫的容忍度較高。人科動物能於當地生存下來的最重要理由，是他們有可以抓物的前肢。他們擁有雙手可以隨意揮動武器，不論是石塊、樹枝還是棍棒，同時還有使用武器的集體意志。很快地，他們對於手持的武器變得挑剔，有些則開始將手持物件改造成工具以及兵器。

28 耐力型掠食者
Endurance Predator

《戶外》（*Outside*）二〇〇〇年九月號

我站在東非一處古老的地景上，環繞在我四周的是開著白色與黃色花朵的相思樹，蜜蜂、胡蜂以及多彩的花金龜在花間嗡嗡作響。狒狒和飛羚在灌木林中漫遊，牛羚和斑馬群每天都轟隆隆地經過。遠處，大象和犀牛在綿延的山丘上緩慢移動著。我是為了研究之需而來此尋找糞金龜，但我碰巧往一塊突出的岩石下方看了一眼，讓我大吃一驚。

石壁上畫了一系列形如竹竿的人物，顯然是正在全力奔跑中；他們手中都拿著細緻的弓、箭袋與箭，並朝同一方向跑著（在岩石畫布上從左到右）。這是有兩到三千年歷史的石壁畫，並沒有什麼特別突出之處，直到我發現一點讓我陷入思考：這群人當中領頭的一位雙手向上高舉。對我來說，那是代表運動競賽勝利的全球通用手勢，是跑者在拚盡全力、取得勝利後的反射行為。

這件事發生在多年以前，地點是在辛巴威的馬托博國家公園（Matobo National

Park，之前的名稱是馬托普斯公園），但我一直都記得，不斷提醒我人類始自更新世的生理根源，與我們身為耐力型掠食者有關的遺產。

觀看非洲的石壁畫讓我感到自己看到的是某位已逝的親人：這個人很久以前就不在了，但我對他的了解，就像前一刻才與他交談過一樣。我不只是與這位未知的布希曼人身在同一環境以及有相同的想法，我所在之地很可能也是誕生我倆共同祖先的地方。這位藝術家生活在我之前幾百個世代，但與位於類人猿到可辨識的人類祖先之間、以兩足行走的中間過渡期物種在四百萬年前左右離開安全的森林，來到大草原，以至於今的時間相比，不過是一轉瞬的時光。

這不是個簡單的轉變。那對人類的生理與心理都有重大的影響，至今仍深埋在我們的身體與心靈當中。站在壁畫前看著那位為存活奮鬥、且早已消失的勝利者，讓我想到只要我們還是人類，我們在過去、現在，以及永遠的未來，就都不會改變。

我們曾經都是跑者，這個主要的事實有些人已經忘記，那是因為奔跑追獵的天擇壓力早就已經不存在。但比較生物學告訴我們，生活在平原上的生物，掠食者與獵物之間的武器競賽從不止歇，人類自然也不會做單方面的裁減軍備。對能夠捕捉獵物或是從競爭者口中奪食的生物來說，草原上的肉食充分得很；在此我指的是花豹與獅子，鬣狗、胡狼與兀鷲就不用說了。由於我們靈長動物算不得超級的短跑健將，因此在開闊廣大的空間中，我們在速度之外，需要些別的做法才找得到東西吃。就像我們人科動物的祖先，通常成群結伴而行，橫越大陸趕往新近遭到獵殺的動物屍體所在，並趕走腐食動物。這種小規模的戰鬥，以及人與人之間的內鬥（人和人是最早的真正競爭者），逐步轉變成捕獵活的獵物。你能跑得愈快及愈遠，你在以狩獵為主的新人類社群中就更有價值。

一九六一年，我花了一年時間在非洲為耶魯大學的皮博迪博物館（Peabody Museum）收集鳥類，我想我經驗了遠古時候的狩獵者所面對的困難。我絕不會忘記自己在稠密、溼淋淋的山地森林裡度過的幾個月，那種令人生厭的幽閉恐怖感；同樣地，我也不會忘記身在開闊大草原上的那份壯麗的喜悅感。就算是想抓小鳥，我每天也得四處漫遊個半天時間，就像我們的祖先可能做過的事。在兩到三百萬年前左右，他們所擁有的腿與足部結構，就幾乎與我們的相同；因此可以合理推測，他們走路和跑步的方式也和我們一樣。當其他掠食者休息時，我們還能繼續走動，雖然速度緩慢，那是因為人體有個主要的優勢：我們能大量出汗。這麼做可讓我們維持身體的內在溫度不致過高，也就增強了我們的耐力。生活在炎熱乾燥、且四周沒有隨處可得水源的動物，很少能負擔得起這種浪費體液的機制。人類成功地追捕到跑得比自己快很多的動物，在許多世代以及各個大陸上，都不乏例證。事實上，現代報告中就有北美洲派優族（Paiute）與納瓦荷族（Navajo）印地安人徒步追獵叉角羚羊的記載。他們耐心地追尋迷路的羚羊，直到後者不支倒地，然後他們恭敬地用手將羚羊窒息而死。非洲的桑人（the San，又名布希曼人）會追獵長頸鹿以及像扭角林羚這種大型羚羊，因為這些動物的體型龐大，不容易散發身體內部產生的熱，同時牠們也必須節省用水。追獵這種動物的竅門，是選擇一天當中最熱的時候，這時其他的大型掠食者都躲在樹蔭下乘涼。

如今人類不是追逐扭角林羚或其他羚羊、長毛象或鹿，而是彼此追逐。但狩獵或戰鬥所需的基本身體動作，好比丟擲、奔跑以及跳高等，已經變成了田徑場上的標準動作，仍然是奧林匹克運動會的精髓所在，就算實質已經有所改變。這些競賽只不過是以同志情誼為名，進行的模擬戰爭罷了。其中差別在於，與獵物的比賽總是有個終點：要麼是我們捉到了獵物，不然就是讓牠逃脫了。在人與人之間的競賽，大家不斷地追求更好的成果以及創下新的紀錄，似乎沒有明顯的終點可言。那麼極限在哪裡呢？世界紀錄與奧運紀錄的保存已超過一世紀之久；在這段期間內，從來沒有哪一年沒有紀錄被打破。短短五十年前的世界紀錄表現，如今幾乎已是家常便飯。之前認為在生理上不可能超越的成績，一再地被打破。一九五四年，班尼斯特（Roger Bannister）花了三分五十九點四○秒跑完一英里（一．六公里），破了四分鐘的障礙，舉世為之震驚。但在短短六週後，那個似乎不可能的紀錄就被打破了。從那時起，這種破紀錄的成績成了家常便飯。將時間快轉至一九九九年，摩洛哥選手格魯傑（Hicham El Gerrouj）將紀錄往下降至三分四十三點一三秒。

事情就是這樣：一九六八年的墨西哥市奧運中，貝蒙（Bob Beamon）以二十九英尺二又二分之一英寸（約八．九公尺）的跳遠紀錄，打破了波士頓（Ralph Boston）的二十七英尺四又四分之一英寸（約八．三四公尺）的世界紀錄。將近二十三年之久，貝蒙的紀錄被認為是無法打破的；直到一九九一年在東京舉辦的世界錦標賽中，才由劉易斯（Carl Lewis）以多了一英寸給打破。但在同一場比賽中，鮑威爾（Mike Powell）又以多了兩英寸打破劉易斯的紀錄。

一百公尺短跑的最早現代紀錄，是一八六七年由英國人麥克拉倫（William MacLaren）所創的十一秒。在接下來的幾十年間，該紀錄被一點一點地超越，直到一九二一年，美國人派道克（Charles Paddock）將紀錄降到十點二秒。這個紀錄一直沒有重大的突破，直到一九五六年，另一位美國人威廉斯（Willie Williams）跑出了十點一秒。到了一九九九年，美國短跑選手格林（Maurice Greene）又創下了九點七九秒的世界紀錄。

乍一看來，各項體育競賽紀錄的持續進步，像是生物的演化，但事實可是差得甚遠。在冰河時期，演化還可能扮演形塑我們的角色；當時人類分散成獨立的小群體，不時有人因為運動技能缺失或各種厄運而倒地身亡，但這種情況早已不再。生活在目前同質性日益增高的大型人類族群中，任何有助於提升運動表現的突變，都很快地在基因池被稀釋，因為選擇該突變的壓力早已不存。

但那並不是說，改變不可能發生。像我們這種靠雙腳行動的物種，有一天是否會演化成跑得像鴕鳥一樣快？在奔跑這項工作上，我們可能還不夠專精，選擇性育種或許能達成這個目標。但就算我們能進行這種匪夷所思的實驗，像孕育賽馬一樣根據血統來孕育人類，這樣的計畫也還需要花上數百到數千年的時間。我們不曉得選上總統的人與落選者有什麼差別，但如果我們想要贏過一位總統，我們得先從總統的基因開始。然而就算我們真的據以改進人類，我們還是有理由相信這種體質上的「改進」終究有停止的一天。即便在過去幾百年來使用了選擇性育種，純種馬的速度也沒有變得更快。我們人類又怎麼可能會不一樣？

在基因組成上，幾十萬年來人類幾乎沒有什麼改變；像跑步、丟擲、跳躍等基本功能在很久之前就定下了，同時變化的軌跡以及最終的端點也在那時就決定了。就跑步的生理層面而言，平均來說人類很可能是退化了。如果我們從現今的六十億人當中隨機挑選出一位（譯注：這是二十多年前的數字，如今已突破八十億），與更新世的男性或女性賽跑，現代人很可能是輸家：我們跑不過為了存活而隨時維持體適能的祖先。

這種話可別對美國田徑選手詹森（Michael Johnson）說。想要了解詹森的運動表現，我們得有如下體認：得出世界紀錄表現的人可是位於標準分布曲線的最遠端，與遺傳、訓練與營養都息息相關。奧運選手代表的可不是一般人的生理狀況，事實上與一般人還離得相當遠。在所有我們想得到的參數上，像是肌肉、酵素、激素等生理系統、骨質結構、體液、動機，還有投入等，世界級運動選手一般都是超出常規範圍的。再者，所有這些最高等級的運動員還得到了最好的飲食、訓練以及壓力管理等知識與執行的支持。在奧運會中，我們看到的更多是怪胎，跟你我都不一樣的菁英個體，對某項工作做得特別好，但不可避免地犧牲了其他方面。

每種比賽項目都有特定的規格要求。舉例來說，最好的短跑選手不需要太多有氧呼吸的能力，因為他們仰賴的是快速收縮肌肉纖維的優勢。這種肌肉收縮迅速且無須耗氧，也就是說他們不需要利用氧來產生能量。同樣這批選手就不能順利跑完長途，因為長跑選手仰賴巨幅的有氧呼吸能力，以及大比例的慢收縮肌。這種肌肉收縮較慢，但只要有氧的持續供應，就能長期做工。這些特徵大部分來自遺傳：如果你的肌肉大部分由慢收縮肌組成，那麼你怎麼也不可能有爆發力。我們或許可以經由訓練來改變天生的基本設計，但不可能達到創下世界紀錄的表現。

在奧運會以及世界比賽初創的年代，參加的選手可能與一般人的能力還算接近。不過這些人來自整個人類族群中的一個小圈子：該圈子裡的人大多來自特權階級，或是一些為了某些奇怪的理由，決定參加擲標槍、跳遠、短跑，或跑馬拉松等活動；但這種情況已然不再。首先，有天分的選手受到了主動的徵召：這些人早早就被發現、培養，以及鼓勵追求他們的夢想，其餘會讓他們分心的事幾乎都給排除在外，例如擠牛奶或是工作賺錢養家。另一個可能是重要得多的現象，就是挑選有天分選手的圈子顯著地擴大了。自一八九六年第一屆現代奧運會舉辦以來，全球人口已增加至四倍之多。尤有甚者，之前的奧運選手只從歐洲、澳洲以及北美洲挑選，如今他們也來自亞洲、非洲以及南美洲。從統計學來說，增加樣本的大小，挑出跑得比之前都快的選手的機率也增高（同樣地，挑出跑得比之前都慢的人的機率也一樣會增加）。

至於真正發生演化的所在，與生物學並沒有直接相關。增進運動員表現最顯而易見的因子，是科技的進步。現在的跑鞋比之前的不知好了多少倍；跳竿從白蠟木竿到竹竿、鋁竿，再到玻璃纖維竿，幾乎將撐竿跳的高度紀錄增加了一倍。當然還有游泳衣也經過了所有方式的改進，從二十世紀初以棉製的短褲與上衣，到迪斯可年代以萊卡人造纖維製作僅能蔽體的泳衣，再到雪梨奧運首度面世、取名為鯊魚皮（fastskin）的全身包裹式泳衣，其表面就如高爾夫球一樣有凹點，可以減少阻力。

伴隨著科技突破的，還有技術上的改進，像是如今已成標準做法的福斯貝里（Dick Fosbury）背越式跳高法以及游泳選手伯科夫（David Berkoff）在仰泳時的海豚踢。訓練方法同樣也產生了演化：德國的戈許勒（Woldemar Gershler）使用了間歇式訓練法訓練他的徒弟哈比希（Rudolf Harbig），讓後者在一九三九年創下八百公尺賽跑的世界紀錄：一分四十六點六〇秒。紐西蘭的利底亞德（Arthur Lydiard）幫助斯內爾（Peter Snell）在同一項競賽項目中獲得一九六〇和一九六四年的奧運金牌；他提倡的方法是使用長程的慢跑來提升耐力，以及嚴酷的上坡訓練來增進力量。再來是一九八一年創下並保持八百公尺世界紀錄長達十六年的英國人柯伊（Sebastian Coe），他在採用了戈許勒和利底亞德的方法之外，還加上了舉重訓練。

這麼多重的因素總加起來，讓人幾乎不可能預測最終的界限在哪裡，但體能的界限是存在的。在短短的一個世紀裡，回收遞減法則的作用已然顯現。在某些田徑項目，幾十年下來，紀錄也只進步了不超過百分之一秒。以兩百公尺短跑為例，一九六八年的世界紀錄是十九點八三秒；一九九六年詹森把時間降到了十九點三二秒；二十八年來只減少了半秒鐘左右。

對人類的士氣來說，這些都不是好消息。我們需要維持渴望的存在，讓我們保持信念。對那些相信事有可為之人，紀錄終究會被打破；同時創造紀錄者憑藉的就只是勇氣與努力。在人類內心深處，我們是由夢想推動的耐力型掠食者，由我們看不見但知道就在前方某處的羚羊所鞭策。為了保持前進，我們必須相信，只要我們努力，終究是可以抓住羚羊的。

就像北美洲羚羊能跑贏獵豹（cheetah，約在一萬年前就從美洲大陸絕種的貓科動物）的剩餘能力，我們跑、擲、跳的能力也是我們生存工具箱中的剩餘物件。由於它們在本能上對我們重要，因此我們把它們用在比賽上。我的運動天賦比不上羚羊、鳥或奧運選手，但我喜歡我自身的能力，並把我的能力與其他人能做到的相比，並想辦法提升。與鳴禽或鷸經常做的事相比，我感到謙卑，牠們能在地球上兩個特定地點來回飛行讓人想像不到的距離；例如斑尾鷸能在八點一天內，從阿拉斯加一路不停地飛越太平洋，來到紐西蘭，全程達一萬一千六百八十公里；然後在短短幾個月過後，又原路飛返。

有人可能提出異議，說如果我是隻鳥的話，可能不會喜歡我想像中的每年遷徙，從北極凍原的永晝，追隨太陽來到南美的阿根廷彭巴草原，然後又再返回；但我認為他們錯了。在秋天讓塍鷸和黑頂林鶯啟程往南飛的一道冷鋒，與激發我在鄉間小路慢跑的溫暖晴天，根本上可能沒有什麼不同：我們都是對原始的衝動反應。證據顯示，我們人類就是無法澆熄對追趕的原始熱情。

（自從我寫了這篇發表在《戶外》雜誌的文章後，某些運動員使用增進表現藥物的情事被暴露出來。我這篇文章試圖只提及那些符合標準規定以及公平競賽所得出的表現。）

第五部

生命的策略

STRATEGIES FOR LIFE

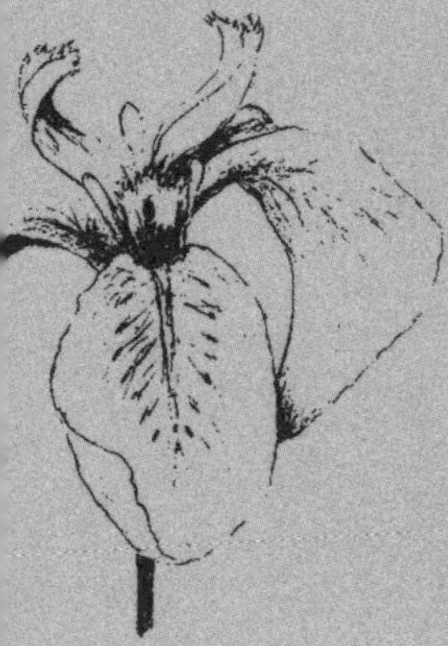

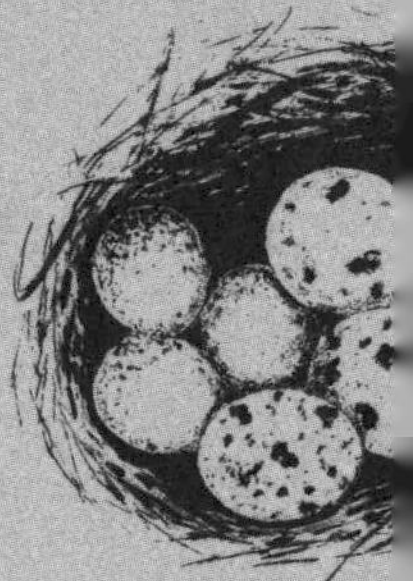

29

同步性：放大訊號

Synchronicity: Amplifying the Signal

《自然史》（*Natural History*）二〇一六年九月號

我在某個春日清晨醒來，聽見窗外傳來火雞的咯咯叫聲，既響亮又清楚，代表牠們就在附近。我向窗外看去，只見兩隻公火雞優閒地並排走著。牠倆的頭都抬得高高的，每走幾步路就發出一串新的叫聲。其中一隻火雞張開了背部的羽毛，兩隻的喉部都有著典型的肉垂，其中一隻火雞禿頂上的皮膚是白色的。在不到一分鐘的時間，兩隻火雞都來到我窗戶的正下方，其中一隻突然發動完全的雄性展現：翅膀下垂、尾部則展開成巨大的扇形。牠只在兩次啼叫的中間，做出那戲劇性的展現。這兩隻公火雞走近時，我可以更清楚地看到牠們的喉部，發現牠們啼叫的時間完全一致。我試著找出是哪一隻先開始的，但牠倆喉部的動作完美同步，讓我無法確定。

這時，有隻健康、羽毛發亮的雌火雞越過空地，朝我放置的飼鳥器走去。牠對那兩隻雄火雞視若無睹，在離牠倆約十公尺距離開外若無其事地走過。兩隻公火雞站著不動，張開羽毛，把頭部高高抬起，展示牠們鮮明、充血通紅的臉孔，鳥喙上則懸掛著藍色的肉垂。過了一會兒，較大一隻帶有白色禿頂的雄火雞再度展示了牠張開的尾扇以及拖曳的翅膀，同時還加上了短暫、炫耀性的身體顫抖。接著，牠開始緩慢地大步前行，看起來像是游動而非走動。另一隻雄火雞則只是張開牠的羽毛。

那隻雌火雞啄食葵瓜子幾分鐘後，停了下來，抬起頭來，四處張望了一下，然後漫步往回走，穿過空地進入樹林。那兩隻雄火雞一直挺身看著，直到雌火雞幾乎離開了牠們的視線範圍，牠倆才開始安靜地跟著。較小的那隻領頭，較大也較具掌控權的那隻走在後面，不時地張開並炫耀牠的尾扇。看起來這兩隻公火雞正合作著進行誘惑行動。我很想知道後續發展如何，但我什麼也看不到了，這樁事件很快也就成為一件過往的奇事。

到了次週，有隻雌火雞繼續前來飼鳥器取食。約過了兩週，我看到一隻雌火雞前來，但這次牠後面跟著一隻大號的雄火雞，約在二十公尺外尾隨著。這隻公火雞的肉垂已經長到拖在地面，牠的頭頂不只是蒼白，而是像白堊粉一樣慘白。牠眼睛周圍的臉孔呈鮮藍色，頸子上垂掛著肉質、蓬鬆、鮮紅色的皮膚。牠銅綠色發亮的背部、淺棕色的翅膀，以及土黃色的尾巴十分醒目。每過幾秒鐘，牠就展現一回引人注目的表演：豎起羽毛，張開尾扇。那隻雌火雞無可避免地曉得有隻雄火雞跟在身後，所以後者無須啼叫，就保持安靜。雌火雞沒有表現出一絲注意到雄火雞的樣子，而雄火雞的注意力一直在雌火雞身上，看著牠啄食地面的穀物，直到漫步走開。次年春天，我看到了另外一隻追蹤雌火雞的單身雄火雞，停在雌火雞身後約二十公尺遠，並偶爾展示著自己；那隻雌火雞也一直沒拿正眼瞧牠。

一連好幾個春季，有雄火雞固定前來我的飼鳥器取食；有時是一隻，有時是兩隻或三隻一起。牠們吃完了就走，沒有製造騷動。有些火雞固定啼叫，但通常牠們都躲在空地四周的樹林裡我看不到的地方。我很少看到雄火雞展示自己，也沒看過牠們與雌火雞的互動，除了一次有兩隻雄火雞對一隻雌火雞感興趣。牠們跟在雌火雞身後只有幾公尺距離，雌火雞一度張開牠的羽毛；雄火雞啼叫了兩次，做了一回短暫的尾扇展示，之後牠們就消失在樹林裡了。次日，有四隻公火雞成群漫步經過，但沒看到有雌火雞；牠們都沒有啼叫，也沒有展示自己。

我把那兩隻同步啼叫的雄火雞看成是異常現象，如果其中一隻如預期推開或趕走另一隻的話，我是想都不會再去想它。整個春天，所有其他雄性的林地鳥類都發出信號，維持牠們各自的特性。一隻單獨的山鶉每晚都在空地上方的天空跳舞；一隻松雞在樹林一角咚咚地敲著，不讓另一隻靠近；雄啄木鳥帶著節奏輕敲著，而另一隻從鄰近的地盤與之唱和；每一種林鶯都有自己獨有的歌聲，藉此宣傳自己，為了維護其專屬的地盤。

然而，在我居住的緬因州林區，動物的同步性發聲並非罕見之事。春季裡，林蛙在春天才出現的池塘裡製造喧鬧。今年春天，該池塘容納了約三百個卵團，代表著約有三百隻雌蛙在幾天之內來過這裡產卵（就在冰溶化了以後），同時還可能有相對數目的雄蛙也來過。雄蛙通常分布在池塘表面，彼此相隔約十公分距離；牠們鳴叫的聲波會在四周產生漣漪。有時，牠們是安靜的；然後會有一隻青蛙開始鳴叫。在一分鐘左右，一隻接著一隻青蛙從牠們藏身的池底腐葉下方跳出，加入鳴叫，重啟騷動。為了測試牠們的展示是否同步化，我錄下了牠們的叫聲，然後在牠們安靜時回放給牠們聽。果不其然，回放造成了牠們返回池塘表面，並同時重啟合唱，屢試不爽；就算牠們的合唱並不都是完全一致。

我在其他地方也觀察到由牛蛙製造的不同類型的同步性。七月裡一個溫暖的夜晚，在佛蒙特州一片大型溼地的邊緣，一群牛蛙呱呱叫著。與其他本地的青蛙不同（包括林蛙在內），這些牛蛙會在整個沼澤區齊聲叫著，但也只持續幾秒鐘，之後是幾秒鐘的靜默，然後是再一次為時數秒的齊聲大合唱。這樣的韻律可持續好幾小時，給人的印象是整個溼地有其自身的規律節奏。牛蛙的齊唱聽了讓人敬畏，那不只是因為音量大，還因為不變的規律性。

動物界並不只有鳥類和兩棲類會同步發聲，在整個北方樹林，每天晚上郊狼都會開演唱會。在某個寒冷、萬籟俱寂的晚上，會有一隻郊狼發出一聲悽慘的嗥叫聲展開當晚的節目。很快地，有另一隻郊狼跟進，然後有高頻率的尖叫聲以及各式各樣的其他聲音加入，形成討人喜歡的和聲。這種合唱會持續一分鐘左右，然後漸漸停止，只剩下一兩聲尖叫，重返夜間的寧靜。這種演唱會與灰狼頻率較低、聲調更悲戚，但更具力量的合唱類似。同樣地，家犬在聽到發出警報聲的車輛駛過，或有人開始吹奏樂器（例如口琴）時，也會加入嗥叫。那可能是傳遞信息、表達情緒，或者兩者都有。由於各種不同的演化原因，好比地盤性，嗥叫可能有建立或向其他動物展示群體團結的作用。

生活在世界各地的哺乳動物，有些是屬於最吵鬧的物種，其中許多也會同步吟唱。長臂猿是靈長動物裡的鳴鳥；其中有些種類會獨唱，很可能演化自祖先雌雄唱歌的不同調，但也可組成二重唱。一對雌雄長臂猿發出和諧的二重唱，再有子代的加入，可以標誌牠們地盤的界限。大長臂猿的叫聲在茂密的森林裡最遠可傳至三公里左右，因此被認為是地球上聲音最大的陸生哺乳類。我能想到其他吵雜的靈長類還有中美洲的吼猴、非洲的黑白疣猴，以及馬達加斯加的光面狐猴。光面狐猴以小族群生活，牠們每天會一起唱歌好幾次。大翅鯨的同步發聲，在水中可長距離傳送；每一群大翅鯨發出的聲音都不一樣，還會隨時間而改變。同樣地，大翅鯨的歌聲很可能是地盤的標誌，也還可能像大多數的鳥類一樣，具有生殖的功能。

任何物種的合唱都會加強群體聲音的力量，這麼做可能是為了跟上也在做同樣事的其他群體，以增加競爭強度。有些個體使用了其他放大聲音的方法，像是啄木鳥和黑猩猩會敲擊物件製造噪音，以吸引注意力及提升社會地位。在我家空地附近的雄性黃腹吸汁啄木鳥，不只是敲得大聲而已，同時還加上複雜的韻律。牠會尋找適當的工具，測試不同的物件，以求發出最大的音量及音程；牠會試著敲樹枝、火爐的排氣管、我室外廁所外牆的乾木板，或是綁在一棵中空蘋果樹外圍用來強化的金屬護片。在覓偶季節開始後，牠每天都會來彈奏選定好的「樂器」。

溝通可以加強力量，無論是從音量、表現技巧、準確性，還是原創性著手。但力量可以分成不同的範疇：在大多數鳥類裡，力量代表著維持地盤的能力，包括成功取得食物。這兩點都代表著適合做伴侶，好養育下一代。對春日池塘裡的雄樹蛙來說，聲量大可增加吸引雌蛙的範圍。對生殖地點高度局限、且分布廣泛的樹蛙來說（青蛙通常會回到牠們出生的無魚小池塘裡交配及產卵），音量大可能製造遠系繁殖的機會。一隻青蛙的微弱叫聲只能吸引附近的青蛙，因此也就維持了高度的近親繁殖，找到合適伴侶的選擇也較少。

這種增強的力量來自團結了其他的同類，但同時也增加了一對一的競爭，削減了合作的好處。草原榛雞、松雞、流蘇鷸，以及其他以聚集成求偶場出名的物種，雌性動物可以在一個「婚介市場」裡對一群雄性品頭論足，保證有所選擇。想要求偶的雄性必須加入求偶場，才可能有交配的機會。只不過到了求偶場，其他的選擇壓力，尤其是雌性動物的偏好，也都加到了每隻雄性動物的頭上。

成群結隊除了提供集體力量的好處外，其他的附加好處還包括食物與安全信息的交換；後面這項好處常見於群居鳥類的棲息地。對靈長動物、犬科動物以及一些昆蟲來說，公共信號可以決定及維持分工。公共信號不一定是以聲音傳遞，只要能活化感覺系統，並對目標群體來說具有特殊性即可。在昆蟲群落的黑暗環境下，群體身分認同是靠共同的氣味來維持。信號的變化可以區分社會階級，執行不同的任務。

各種螢火蟲（螢科）的雄蟲會使用特定的閃光型態當作辨識信號，而願意接受的雌性螢火蟲則以牠們自己的閃光型態回應。目前已有完好紀錄顯示，東南亞某些種類的雄性螢火蟲會同步閃光，有時可讓整棵樹發光。這種行為在北美洲較為少見，但生活在大煙山國家公園的十九種本地螢火蟲當中，有一種螢火蟲（*Photinus carolinus*）的雄性也會同步閃光（每秒鐘約閃六次）。經由許多雄性螢火蟲的合作，給雌性螢火蟲製造了充分的刺激，同時也在許多共域的其他物種中凸顯自身。不過我猜測還有其他的理由：某些肉食性種類的雌性螢火蟲會對其他物種的雄性發出的閃光信號反應，但牠們不是為了交配，而是為了抓住並吃掉那些雄性螢火蟲。因此，雄性螢火蟲成群結隊地接近雌性可能是種策略，因為牠們碰上的可能是假裝要交配的「致命雌性」。對一群同步閃光的雄性螢火蟲來說，牠們碰上可以交配的正確物種的可能性，至少要大得多。

當然啦，同步行為在人類當中很常見。檢視其他物種的這類行為，有助於我們思考人類自身行為當中的一些可能功能。

去年七月的某個晚上，我人在緬因州西部一個名叫威爾德（Weld）的小鎮；為了慶祝該鎮成立兩百週年，將近有一百五十人（約是全鎮人口的三分之一）現身鎮公所。在眾人交際寒暄之時，約有十五位小提琴手擠在舞台邊上。然後有兩對邁步向前，每一對都帶有一把小提琴，有一對還有一台鋼琴及一架手風琴，另一對則有一把吉他。兩位小提琴手的弓弦以完美地同步方式移動（不只是前後還包括垂直方向），拉出漫長且快速的即興樂段。他們的拍檔以全然不同的樂器及歌唱跟著他們的拍子；群眾則以拍手及跺腳同步加入。最終，每個人都起身舞動著，就像是一個人一樣。

同年七月差不多同一時間，在超過一千兩百公里外，有個全國性的政黨會議正召開著。有位講者模擬著起訴一位對手政敵，並邀請觀眾提出他們的判決。在場群眾集體做出的反應，在語氣上恐怕超過了大多數人在單獨情況下願意說得出口的。由於潛在的競爭性，群體取得了團結一致。

同步性能發出有力的信息。群體認同可以各種不同的複雜方式表現，有些可直接促進生殖，其他的一些可能在爭奪領土及資源上，加強了對抗其他群體或個人的競爭力。在人類社會中，我們可以在各種場景中見到這一點，從運動到政治到種族歧視到戰爭……一路到某個小社區慶祝成立兩百週年紀念。

30 蜜蜂和花知道的事

What Bees and Flowers Know

《紐約時報》（*New York Times*）一九七四年二月二十一日

達爾文物競天擇、適者生存的想法，被某些人解釋成生命是場人人都得參加的競爭；而「適者」則與利齒尖爪和獲致即時利益的能力畫上等號，好似那就是自然的法則，有其價值且必須遵守。

只不過達爾文的想法與這兩者都無關，而是與競爭以及合作造成的結果有關。其主要的結果包括生物取得相互依賴所產生的適應。這種相互依賴的演化不僅出現在個體之間，同時還出現在物種之間。相互依賴性之所以會演化出來，是因為對參與者提供了互惠互利，就像是人們玩的「遊戲」一樣。

在遊戲中，參與雙方經由象徵性或實質的收益，試著增加自己的好處。為了讓雙方都取得長遠的最大利益，參與者有必要遵守一套規則。這些規則提出了一些要求，也限制了每位參與者為了無限利己而犧牲他人的無底線行為。要是沒有強制彼此接受的規則，那麼個人之間、勞資之間、大公司與政府之間，以及不同政府之間的遊戲，就不可能繼續玩下去，結果是雙方都將輸掉遊戲。

僅憑隨意觀察單一個「行動」，通常難以看出參與者之間互動的性質，只有從時間的角度才能看得清楚。

像狼與牠們的獵物北美馴鹿之間的互動，就是長期競賽的好例子。狼的遊戲是捉住馴鹿，而不是整群馴鹿。

至於北美馴鹿的遊戲是逃避狼群。只不過馴鹿要是太「成功」的話，牠們將把食物供應消耗殆盡，以至於破壞了牠們的棲地。

狼與馴鹿之間遊戲操作的限制，如同其他遊戲一樣，演化出在任何時候，不會有哪一方的參與者擁有所有的優勢，也不會擁有所有的劣勢。如果不加干擾，這樣的遊戲顯然是成功的。幾千年來，狼群在北極地帶就一直跟在大群的北美馴鹿左右小跑著。

在許多遊戲中，基本上遊戲夥伴是可再生的資源。蜜蜂與花之間的遊戲，則是另一種例子。蜜蜂玩的遊戲和狼一樣，是在覓食過程中取得回報。如果蜜蜂做得太成功，把所有的花蜜都採完了，那牠們就會挨餓，其族群數目也必定維持不變或是減少。至於花朵的遊戲是提供食物做為獎賞，但不會提供太多，以免蜜蜂在一株植物就吃飽了，所以牠們才會造訪大批花朵，並順便授粉。結果是，以花朵提供的食物（糖蜜與花粉）維生的昆蟲，經常是處於「能源危機」之中。

生物之間的相互依賴很少有哪一方會對另一方存在完全的優勢。為了讓雙方都取得長期下來的最大收益，那就有必要在任何時候都不讓一方完全剝削另一方。在雙方關係中，每一方都吸收了某種程度的「費用」。這種費用的支付經常會有延遲，但絕對不能取消，否則遊戲將被摧毀。

人類曾經是掠食者，人類玩的遊戲也同狼與馴鹿之間的遊戲類似。然而人類卻不按規則行事，把大多數歐亞及美洲大陸的大型動物都殺光了。人類之所以能夠這麼做，一部分原因是人類利用了一位夥伴：馴化的植物（穀物）。這種結盟關係提供了人類即時的好處：一開始是可以讓人類放棄狩獵動物（除了以娛樂為目的），最終則是被迫放棄。規則被打破了，人口的數目變得無比龐大，獵物則不再存在。

人類的福祉很大一部分仰賴馴化的動物與植物，如今我們進行的遊戲更接近蜜蜂與花。一如蜜蜂與花，絕大多數馴化生物與人類之間的遊戲進行已久，它們對人類已產生依賴：沒有人類的幫助，植物已不能自行繁殖。迄今為止，它們以及我們的策略都運作良好。人口愈多，種植以及養殖的玉米與雞也愈多。就人擇而言，這可是超級適應的關係。只不過當有太多的人口靠馴化的動植物維持，同時人類還要求持續的成長，這麼一來，遊戲的規則將開始遭到腐蝕。我們可能發現空間不再夠用，因為都挪來養殖某些參與遊戲的生物了。

從遊戲的參與者以外尋找外援，可輕易地摧毀遊戲，因為這麼做可取得短暫的利益，遊戲夥伴可能被消除殆盡（經常也是如此）。對人類當下的存活來說，這麼做是可以接受的，前提是新的遊戲夥伴是可靠的。但人類目前的遊戲夥伴是石油、天然氣以及煤炭，這些是由已絕種的生物所留下、不可再生的籌碼。

如果我們過度地玩這種遊戲，那遊戲不可避免地要走上結束之路，可能是戛然而止。無止境的成長與無限制的剝削，遲早會迎來破產，尤其是在資源不可再生的情況。成長的幅度愈大，最終的破產也愈嚴重。生命遊戲的理想狀態，不可避免地要付出代價；我們可以想辦法延期支付，但不可能永久延遲下去。

31 奇特的黃色：鳶尾行為小探

Curious Yellow: A Foray into Iris Behavior

《自然史》（*Natural History*）二〇一五年五月號

「植物行為」一詞看起來有些矛盾。動物可以對環境刺激迅速反應，牠們移動身體的行動反應符合行為的定義。至於植物的反應一般極為緩慢，讓人難以察覺；少數例外包括可以關閉陷阱抓住昆蟲的捕蠅草，以及碰上可能的掠食者碰撞時、關上葉片的含羞草。同時，植物在土地裡生根，也限制了它們的反應。不過有許多植物演化出徵召動物前來幫忙它們，特別是昆蟲、鳥類和蝙蝠，主要是在授粉和種子的散播上。

如同動物世界的求偶遊戲，大多數植物物種為了受精的發生，每棵植物都必須致力於將花粉送至另一棵同種植物的生殖器官當中，同時自己也要能接收類似的花粉。動物授粉者在進行這項工作時，必須得到報償，形式通常是食物。這種報償必須充分，但也不能過分慷慨：必須充分到能吸引授粉者不斷尋找同種植物的其他花朵，但也不能太多，否則授粉者可能會只使用一株植物做為固定的食物來源，而不會前去造訪其他株植物，並順便在兩株植物間轉移花粉。

對每株植物來說，讓授粉者將食物報償與花的類型取得關聯，至關重要，以免把所有的花粉塗在其他物種植物的花朵上。每個植物物種擁有的突出身分標籤，是由花的顏色、形狀與氣味等特徵決定，以保證取得報償的授粉者維持其對花的忠誠度。由此造成的結果是：植物物種彼此競爭，以求凸顯自己，於是演化出差異愈形增大的花朵來。簡單來說，植物把它生殖生理的行為部分交給了動物，自己則致力於展示的部分，其程度可以與鳥類媲美。

某個常見（但仍屬燦爛）的花朵例子，是廣泛分布在新英格蘭地區溼地的變色鳶尾。打從多年前我研究了熊蜂給變色鳶尾的授粉後，它就成了我鍾愛的花種。某個長舌蜜蜂物種

■黃菖蒲花苞（圖左）以及進展到「瞬間」開花的各個階段

是它主要的授粉者，蜜蜂取得的報償則是花蜜。我拍了一些蜜蜂與鳶尾花親密相擁的美麗相片。另外還有一種引人注目的鳶尾：黑花鳶尾，分布在猶大沙漠及鄰近地區，是由我的以色列朋友及演化生態學同行許密達介紹給我認識的。該物種是由獨居蜂授粉，而且此蜂把黑花鳶尾當成過夜的窩。當早晨的陽光照射到黑花鳶尾，將停棲在花中的蜜蜂一併加熱，給新的一天即將造訪其他花朵的蜜蜂提供了輔助啟動。這可是好得不能再好的報償！同時，無須提供花蜜的植物，也可能節省了水分。相對來說，我研究的北方熊蜂，就需要糖分做為顫抖身體的燃料，以維持體溫。

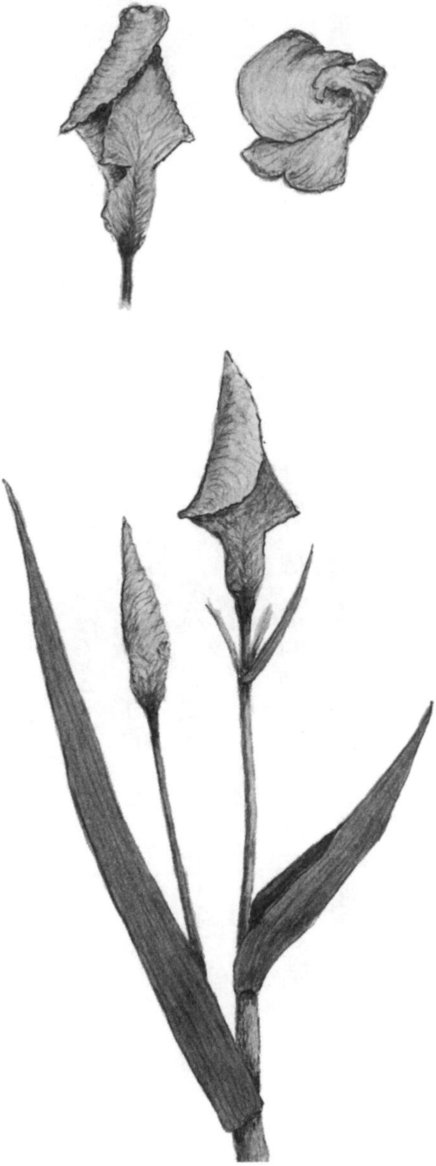

至於原生於歐洲、西亞以及西北非的黃菖蒲（*I. pseudacorus*）也和北美洲的變色鳶尾一樣，自在地生長於溼地。讓我感到又驚又喜的是，我在大西洋對岸、新罕布夏州與緬因州交界的史塔島（Star Island）也找到了一棵正開花的黃菖蒲。我忍不住取了一段它的根莖進行移植；如今一株樹葉茂盛的植物生長在我緬因州的營地。二〇一四年的夏天，它在我的花灑（一只掛在糖楓樹上的澆水罐）下方燦爛開花。該地是我一連花上好幾天時間、觀察雙色樹燕在鄰近的鳥箱進行結巢行為的所在。

日復一日、週復一週，我看著燕子飛進飛出牠們的箱子，也不可避免地看到那棵黃菖蒲。那棵植物總是有著一或更多個花苞，也只有一或更多朵開著的花，以及為數逐漸增多的蜷曲萎縮花朵和種子莢。說來奇怪的是，我似乎從來沒看過哪個花苞正在轉變成花朵的過程！

有些事似乎不大合理，直到有一天我低頭瞥了它一眼，看到一個花苞，然後幾乎是下一瞬間，我又看了一眼，原先的花苞已是一朵盛開的花。那不可能是魔術。為了搞清楚究竟發生了什麼，我開始更仔細地觀察這些花，只要有待開的花苞我就等在那裡，同時解剖花苞，建立起花苞如何能在瞬間移動其組件、轉變成盛開花朵的工作模式。

鳶尾這個物種的花朵，一般可分成三個一組的幾個部分，每一組都包括一片大型下垂的花瓣，稱之為垂瓣；一片同樣醒目、垂直向上的花瓣，稱之為旗瓣；還有一支雄蕊和一支雌蕊。垂瓣有個極度增大的吊舌以及作用為「花蜜指引」的標誌，引導授粉者進入管狀的腔室，從中可取得花蜜。這根管道的頂端是由雌蕊的花柱形成。大多數花朵的花柱只是根簡單的桿子，但鳶尾的花柱呈扁平狀，邊上還有凸緣。花柱前端帶有柱頭，可於授粉者進入時接收花粉；同時授粉者也會順便從位於花柱底部的花藥拾取花粉。

鳶尾的花苞與花朵不同，形狀尖長；每組三重系列都緊密地捲在一起，包裹在花苞中。

我發現花苞的花莖會隨著花苞的發育而增長，使得花苞會突出於前一日還將花苞包圍在內的苞葉之上。接著，在開啟前幾個小時，花苞靠近底部處會膨脹。從花苞頂部看下去，顯示三片垂瓣以迴旋狀捲曲，在接近頂端處彼此相互包覆。到了花苞開花時，三片垂瓣會向外側以及下方彈飛開來，只需一秒鐘就接近完全開啟的狀態，留下三片旗瓣垂直向上。

鳶尾的花朵可保持兩天新鮮，之後三片花瓣就再度彼此結合成相互捲曲狀並萎縮。子房開始生長，剩下的花瓣則乾枯掉落。變色鳶尾的開花過程大抵相同，但缺少於「瞬間」快速開花的行為。

花朵的開啟與關閉以及植物的其他動作（例如含羞草的葉片），其機制包括不同區間的體積由於水的滲透進出而有膨脹或縮小；至於滲透的發生，部分取決於吸收由多醣類轉變生成的糖分。但是生長與滲透壓的改變都是漸進的過程，未能解釋黃菖蒲花瞬間開放動作的力學。花瓣的瞬間伸展需要有先前貯存的能量，還要有將能量突然釋放的啟動機制。這一點可能與好些物種的植物強力彈出種子的機制類似，例如常見的鳳仙花可將種子擲出離種莢好幾公尺遠的距離。

由釋放貯存能量造成的瞬間移動，常見於節肢類動物，包括蝦蛄（屬於口足目〔Stomatopoda〕）、跳蛛，以及跳蚤、葉蚤、葉蟬和彈尾蟲（還有能倒翻的叩頭蟲）等跳躍昆蟲在內。緩慢收縮的肌肉利用機械式的彈簧儲存能量，然後以類似十字弓的啟動機制將能量釋出。能量的儲存需要有某種保持的機制；在黃菖蒲的例子，捲起的花苞顯然是由垂瓣給固定住，在靠近彼此的尖端相互纏繞。這種穩定狀態會持續下去，直到花苞儲存了足夠的能量將垂瓣釋放：它們彼此鬆脫直至完全開啟。這種瞬間開花的行為是怎麼獲致的？是否是為了授粉才做出的適應？由於鳶尾花的演化受到了授粉者的選擇壓力，而其主要的授粉者是熊蜂，因此我們有必要來看看鳶尾花的構造，以及那些構造如何用來吸引熊蜂。

每朵鳶尾花的垂瓣底部都有兩根花蜜管，每根能產生最多兩微升（一微升等於百萬分之一公升）的花蜜；這個數量不足以讓大型的蜜蜂吃飽，但可能足以刺激牠去尋找另一株相同植物的花朵。但不是每隻蜜蜂的反應都相同：一隻剛開始採蜜生涯的新手蜜蜂，幾乎碰上每一朵花都會飛過去採蜜。為了說服蜜蜂對特定花朵（以及對該植物的相關行為）產生依附，重要的是牠最先碰上的花朵提供了高度的食物報償。之後，等蜜蜂已經對某種植物的花產生了依附，牠就會持續造訪，並期待每次都取得同樣的報酬。如果說，牠經常前去造訪地點的花朵都是空的，過一陣子牠就會學到避開那些花，而去造訪其他種類的花。黃菖蒲的祖先有可能不均勻地分布在廣大的空間，好比零散的溼地，使得異花授粉變得困難。在那樣的情況下，不讓被花朵吸引前來的蜜蜂失望而歸就很重要。想要增加成功機率，就要在確定給予蜜蜂的報償已到位的情況下，花朵才發出吸引蜜蜂的信息；這麼一來，蜜蜂就不會碰上空的、沒有獎賞的花朵。

我把上述情況說給一位朋友聽，她的直接反應是：「這就像庭院舊貨大拍賣一樣：你會擺出巨大招牌以吸引更多人的注意，但你不能在所有要出售的貨品都拿出來前，就把告示牌擺出去。」她指出，最有意願購買的顧客會想辦法最早到達，趕在其他人之前瀏覽貨品。如果說你的東西都還沒有擺出來，他們看不到什麼想要買的東西，就會離開，你也就失去了買主。

這點對黃菖蒲來說也是如此。雖說花苞本身可能就是個大型的彩色告示，但蜜蜂不大可能將它與真正的告示攪混，也就是帶有花蜜指南的開啟花朵。但如果說花瓣的開啟緩慢，那就等於是在所有的貨品擺出去前就把告示掛出去。從遠處被吸引前來的新手蜜蜂看不到花蜜指南，也就是指示「門」的所在，就會離去，以後也就不會再被同樣的告示標誌所吸引。

一如其他種的鳶尾，黃菖蒲也能靠根莖繁殖（或生長），生出一片片實際上是無性繁殖株。一片由無性生殖生出的鳶尾將更難進行異花授粉，因為蜜蜂在找到一片合適採蜜的花叢時，通常就會停留在當地。不過黃菖蒲還是會尋求有性生殖的機會[12]。經由自花授粉產生種子，可以提供植物一些好處，但從長遠來看，自體繁殖等於是走進演化的死胡同，因為改變在自然界是持續不斷的。

原注 12 之後我解剖了尚未開花的花苞，證實了在此提出的鳶尾開花機制，只不過這種開花方式的適應價值仍屬於推測。

32

纏繞與旋轉

Twists and Turns

《自然史》（*Natural History*）二〇一五年十一月號

由於某個意外的觀察所得，讓我開始研究鳶尾：我發現鳶尾的花苞可在不到一秒鐘的時間內，就開出大型、複雜且耀眼的花朵。當花苞開啟時，讓花瓣向外彈開的能量，儲存在花瓣的抓力中，後者又取決於花瓣的彼此纏繞。一開始，我認為花瓣的纏繞方向似乎沒有多大關係。但從我畫的一些速寫中，我發現花瓣是以逆時鐘的方向展開；這點看來有些奇怪。既然我注意到了花瓣纏繞的方向，於是我把木屋附近花叢的花都計算了一遍。由於纏繞方向不會對開花機制的運作造成影響，所以我預期得出相等數目的順時鐘與逆時鐘纏繞方向。然而在我檢查過的二十六朵花苞中，花瓣纏繞的方向都是朝相同的逆時鐘方向！花朵是如何知道總是要向左旋轉？又是為什麼呢？

黃菖蒲有一系列的特性是一致不變的，例如三片旗瓣與三片垂瓣都一定是黃色的；但這些是預期中的適應。至於花苞的左旋右旋特徵，在花開的瞬間就已經不存在了，那對授粉、熊蜂或其他任何事來說，有什麼可能的價值或差別呢？這種纏繞方向的一致性不大可能是隨機發生的，但也不像是適應的產物。

生物學有很大一部分與歷史有關，這也是與物理和化學的區分所在。想要從歷史角度來看任何特定的生物形態，需要同時來看這種現象可能出現在其他哪些地方；接下來則是要看這種形態是否與任何的大量環境因素有關。對相應物種來說，這些環境因素可能相同也可能不同。我的庭院裡也種了原生於亞洲的溪蓀（*Iris sanguinea*，又名東方鳶尾），與一大片美洲原生的變色鳶尾比鄰。我分別檢查了二十三朵及十五朵這兩種鳶尾的花苞，結果完全一樣：這兩種鳶尾的花苞都百分之一百地朝逆時鐘方向纏繞，顯示這種奇異的特徵可追溯至鳶尾的祖先。接下來我們還有必要與其他物種的植物進行比較，來看看這個特徵是否還能追溯至更久遠以前的祖先。

生長在我花園籬笆竿子上的荷包豆以及園地裡的紫花牽牛都有藤蔓。藤蔓有四種選擇：因應接觸物體的某些特性而朝順時鐘或逆時鐘方向纏繞、垂直向上，或是胡亂纏繞。只有正常纏繞才擁有適應的功能。一如所料，我檢視的十六棵荷包豆在向上生長時，會纏繞在任何碰上的物件，包括籬笆、草稈、灌木叢、一枝黃花以及彼此，但它們都是朝逆時鐘方向纏繞。讓枝條轉彎的信號是接觸；當藤蔓的尖端不受阻礙時，它們會垂直向上生長。我又檢視了七十株的紫花牽牛，其中毫無例外，都是朝逆時鐘方向纏繞。另外我還檢視了花園邊上另一處的五十株歐白英，它們也都一致地朝逆時鐘方向纏繞。分屬四種分科：鳶尾科（Iridaceae）、豆科（Fabaceae）、旋花科（Convolvulaceae）和茄科（Solanaceae）的兩百三十六株植物，都具有一致的纏繞方向（這可能屬於中性特徵），似乎有些奇怪，除非它們擁有更古老的共同祖先。問題是，該祖先為什麼會擁有這種特徵，同時其後代還都保留了下來？纏繞對所有這些科的植物來說，至少具有某種功能，就算是我所關心的纏繞方向並不重要也一樣。這項功能在鳶尾科植物碰巧出現在花苞開啟時，但在其他三種植物的功能則是支持朝向光照的方向爬升。

對樹木來說，它們自身就可以提供支撐，因此它們應該沒有理由進行旋轉；但我還是想確定一二。

我注意到我木屋牆壁以及屋頂的乾木頭上，從頭到尾都有裂痕，有些裂痕是斜的。我算了一下，有四十八根木頭的裂痕沒有傾斜，有二十七根的裂痕是斜的，且都是逆時鐘的方向，只有一根是順時鐘方向。至於樹上的葉子是由樹幹及樹枝所撐起，以便接受陽光的照射；但它們也都轉向同一個方向，好像那是它們的基本組成方式。

為什麼朝哪個方向轉動這種看來無關緊要的事會變得根深柢固？我上網搜尋了「植物的方向性移動」一詞，發現由於「柯氏效應」（Coriolis effect），藤蔓的逆時鐘方向轉動被認為是北半球的特色；如果確實如此，那南半球的藤蔓就應該是朝順時鐘方向轉動了。

然而柯氏效應的想法卻是個神話，顯然是有人為了合理化而發明出來的。二〇〇七年，澳大利亞庫克大學凱恩斯校區（James Cook University in Cairns）的愛德華茲（Will Edwards）和同事確定了全球植物的旋轉方向不受地域、也不受緯度影響。至少我檢查過的植物都生長在同一緯度，也都表現出相同的旋轉方向。接著，我又找到了波蘭盧布林市（Lublin）斯克沃多夫斯卡大學（Sklodowska University）斯托拉茲（Maria Stolarz）的研究，她發表了有關植物旋轉動作的生理、細胞與分子基礎，以及受到光照、溫度和其他因子的影響；然而她的文章中並沒有提到旋轉的方向問題。環境對植物的轉動確實有強烈影響，如同我檢視過的藤蔓纏繞現象，只發生在與垂直的物件接觸時，否則生長的方向就只是直直向前。

我們可以假定，最早期的植物之所以擁有特定的轉動方向，就只是由於某個共同起源的隨機選擇。如果說該特性對於生殖成就沒有影響，那麼從演化的觀點得出的合理結論，將是任何不必要的特性，好比說轉動的方向，終究將遭到廢棄。如果說該特性對生物有所好處，那麼就會被長久保存下來。問題是朝右與朝左旋轉似乎沒有什麼明顯的選擇優勢；看來除了天擇之外，還有其他因素在運作著，維持了轉動的方向！我想我們得從生命結構的歷史以及化學基礎著手。

遺傳密碼是從解開的 DNA 雙螺旋分子當中的一條朝一個方向讀取，然後再複製成 mRNA。有趣的是，DNA 分子與拉鍊並不完全近似：DNA 分子呈螺旋形。再來，一般認為 DNA 雙螺旋鏈與結晶的 RNA（一般是單鏈）是以逆時鐘方向旋轉（經常也有人宣稱是畫錯了）。還有個讓人起疑的事實，就是構成動物和植物蛋白的所有二十種胺基酸，都只有左旋方向。這是為什麼呢？所有這些事實都支持地球上的生物是從一個共同祖先分支生成。這個說法是合理的。

然而就我所知，植物的旋轉方向與胺基酸的方向性之間，並沒有已知的關聯。那有沒有可能說是有關聯呢？

人類使用右手或左手的習慣，以及藤蔓朝逆時鐘方向纏繞，至少是受到遺傳的影響。但迄今並沒有發現有哪個基因控制了轉動的方向，於是我們順理成章地認為，轉動方向受到了多基因的控制。有沒有可能說，該特性不是由多基因、甚至根本不是由基因所控制，而是構成生物的分子天性就傾向於某些分子的共同鏡像；而後者是為了生化裝置的順利運作所必需，以至於對整個生物組織的構造、功能以及複製都造成了影響？就如同長度一致的磚塊，要比大小隨意的磚塊更有利於建築的進行，還有旋轉方向一致的蝸牛殼有助於交配的進行，或許我們的分子建材與生物的某種方向性相符，是為了取得最理想的生長與功能。

這種觀點並不是說在旋轉方向的演化上，偶然與歷史沒有扮演一角。或許分子鏈的單純旋轉（或任何旋轉），給最早的生命分子提供了生物力學的優勢。那可能提供了反應所需的動量以及增加了效率，特別是如果朝特定方向有一致的旋轉，導致生長中的胺基酸鏈對接受新加入的胺基酸方向性有所偏好。實驗可能告訴我們答案，但我們目前擁有的 DNA 是唯一可以研究的對象；我們並沒有朝反方向旋轉的 DNA 分子，可以用來測試為了建構生物所需，使用相反方向旋轉的分子。

我們不論在什麼時候製造 DNA，都是從現存的 DNA 鏈複製：我們複製的是擁有三十四億年歷史的文本。據我所知，我們還不能製造出朝相反方向旋轉的 DNA 和 RNA 分子，然後提供它們右旋及左旋胺基酸的選擇，來看由此製造出來的蛋白質是否優先選用某種方向（或另一種）的胺基酸。如果我們把這種新蛋白提供給鳶尾或藤蔓，我們或許能好好觀察這些植物是否會朝相反的方向旋轉。生物體是由數以億計的這些分子組成，而它們都朝同一方向。組成 DNA 分子的兩條鏈碰巧是朝逆時鐘方向旋轉；或許在其他星球，DNA 分子是朝順時鐘方向旋轉的。

這些分子的終極產物（也就是植物本身）當中共通的逆時鐘旋轉，讓我展開了一條漫長、無目的的探索之路，其中有許多轉折，並從顯微大小一路來到宇宙層面，直到我多取得了一個數據點，或者可以說是五十六個數據點，讓我的心靈得以大幅平息（絕對沒有完全平息）。讓人意外的是，這些數據點來自我庭院的一種野草。為了這些野草，我感謝我的幸運之星，也感謝我鍥而不捨試著尋求第二意見，或者更好的是，尋求另一事實的傾向。

卷莖蓼是種蔓生上爬的野草，其葉子和藤蔓以及與生長相關的習性，看起來都與牽牛花幾乎完全相同。目前它們分屬兩種不同的分科：蓼科和旋花科。卷莖蓼長得毫不起眼，開的花細小，白色；但當我在藍莓灌木叢中看到一株垂掛著的卷莖蓼，準備向上生長時，我突然發現了它的潛在價值。

一如牽牛花，卷莖蓼會朝四面八方長出直線狀的匐枝，在接觸到樹叢或草稈後，會發出卷鬚纏繞而上，展示其花朵。我家的卷莖蓼幾乎使用與牽牛花一模一樣的捲曲方式。我把兩種植物並排照了張相片，以顯示兩種植物在策略上的一致。但當我把爬上一枝黃花的卷莖蓼藤蔓給鬆開時，我需要以逆時鐘方向轉動，那代表著它是以順時鐘方向纏繞的！我看了一遍一遍又一遍，接著我把所有能找到的每一條卷莖蓼藤蔓都拉了出來，一共是五十六條；每一條都是以順時鐘方向纏繞。為了確定我之前所看的無誤，我又回去找了牽牛花與荷包豆，並帶回幾十條攤在我的桌子上，與卷莖蓼並排著比較：兩者的旋轉方向有所差別，可是毫無疑問。

我對這株小野草可是萬分感激，讓我免於出現重大的錯誤觀念。不管怎麼說，分屬四種植物的兩百三十六株樣本都在旋轉方向這個微不足道的事情上出現一致性，還是相當讓人信服的，就算它們如何會出現這種情形，迄今還沒有答案。

尾聲

寫這篇文章讓我領悟到，「假定」必須要加以澄清，以避免混淆。對於手性（chirality）的基本特性並無混淆之處，那是說不對稱的物體可以扭轉成兩種形式之一，就像我們的右手與左手不可能完全相同的疊在一起。我們不會把右手與左手混淆，也不會搞混時鐘的順時鐘與逆時鐘方向，那是因為我們對於在看什麼以及從哪裡看有所假定：我們都假定是以自己的身體為參考點來看自己的雙手，以及我們看著鐘錶的表面，同時秒針移動的方向，是從十二點往右移動，而不是從六點往左移動。但我們又是站在哪裡看著 DNA 分子、胺基酸分子、藤蔓或太空中的星系旋轉呢？

「右旋」對「左旋」以及「順時鐘」對「逆時鐘」等描述性用詞，一般是從某個假想中的觀者位置來看的。我們往下看鐘的表面時，會自然而然地把順時鐘方向想成是時鐘的指針向右移動。但在藤蔓圍繞著竿子旋轉時，其方向不只是朝側向，同時還朝垂直方向。如果我們從藤蔓順著竿子往上爬的觀點來看，它是朝一個方向旋轉。如果我們往下朝根部的方向來看同樣的旋轉時，那麼它的旋轉方向就與往上爬的方向相反，或是說逆時鐘方向。

生物的螺旋型 DNA 分子確實都朝同一方向旋轉，且被指定為順時鐘或右旋方向；但 DNA 在生成時，是朝一個方向生長，同時雙螺旋鏈解開時（包括合成 RNA 時），它們是朝相反方向旋轉。那什麼是「順時鐘」方向？是纏繞還是解開時的旋轉方向？同樣的情形，蛋白質建材胺基酸的存在方式與我們的手類似：相對於胺基酸分子的其他部分，有根「拇指」（稱為羧基的特定結構）的角度可以朝一個方向或另一個方向彎曲。這兩種構型的胺基酸分別稱為左旋（levo, L）與右旋（dextro, D）胺基酸。這兩種構型的差別，與我們定義螺絲釘的旋轉方向基本上沒什麼不同；不論我們說往右旋還是往左旋，取決於我們怎麼去看：是朝向我們還是遠離我們旋轉。我相信螺絲釘是朝順時鐘方向旋轉，因為按常規，目前所有人工製造的螺絲釘都以同樣的方式加以旋緊。同樣地，由於地球現存生物都是由同一個源頭發生而來，因此 DNA 與胺基酸分子，以及藤蔓旋轉方向的手性，都是由歷史淵源決定，所以從分子到生物個體間有所關聯是意料中事。至於我們稱之為右還是左（right or left），與對或錯（right or wrong）無關。

33 給鳥蛋上色

Birds Coloring Their Eggs

《奧杜邦》(*Audubon*)一九八六年七月號
原標題為〈旅鶇的蛋為何是藍色的?〉

由鬆散樹枝編織、以細根為內襯的杯巢中，有四顆天藍色的猩紅比藍雀鳥蛋；在鳥蛋較大的一端，還有一圈環狀的淺棕色。東林綠霸鶲的四顆鳥蛋是淺奶油色的，在較大的一端有一圈的深紅褐色和淺紫色，背景則是以灰綠色地衣為內襯的正圓形杯巢。啄木鳥和翠鳥(魚狗)的蛋，分別位於樹幹及沙丘挖出的洞巢，是沒有任何標記的透明白色。那為什麼其他鳥類會不斷地變更蛋的顏色，在白色、水綠色或米黃色的背景印上難以抹除的黑色、琥珀色、軍綠色、磚紅色、杏黃色、紫色或棕色的點、斑、彎曲線條以及輕輕一抹呢?這些不同的顏色，或是缺少顏色，都是演化的產物。究竟是什麼樣的選擇壓力造就了這些變化呢?

鳥蛋上標記與顏色的組合看起來像是沒有受到約束的創造力爆發。蛋殼的顏色對鳥來說到底有什麼要緊的呢？的確，為什麼蛋殼要有顏色呢？給蛋殼加上顏色必定有什麼理由，否則給蛋殼上色的特化腺體也不會演化出來。那麼，為什麼旅鶇的蛋是藍色、啄木鳥的蛋是白色，而潛鳥的蛋是橄欖綠色的呢？

鳥蛋殼上的色素是由輸卵管壁的分泌標記上去的，所以蛋在生出來之前都還是無色的。當蛋通過輸卵管時，蛋的壓力把輸卵管腺體裡的色素擠出塗抹在蛋殼上。至於色彩的形式是由蛋的移動造成的，就好比將畫布移動穿過許多固定不動的畫筆一般。如果蛋維持不動，那就只有斑點；如果蛋移動，腺體也持續分泌，那就會造成線條及塗鴉。

蛋殼的顏色受到基因的控制，其中有相當大量的基因可塑性。人類曾培育出不同品系的家雞，除了生下白色和棕色的雞蛋以外，還有帶著藍色、綠色以及橄欖色的雞蛋。

不讓人意外的是，具有廣泛興趣的達爾文也認為鳥蛋的顏色具有適應價值。由於洞穴巢鳥類（例如啄木鳥、鸚鵡、翠鳥、巨嘴鳥和嚮蜜鴷）的蛋通常是無色的，於是他認為位於開放鳥巢中的蛋帶有顏色，可能的作用是防曬，以保護胚胎；只不過這種說法無法解釋鳥蛋藝術的多樣性。英國鳥類學家賴克（David Lack）有不一樣的看法，他以為洞穴巢鳥類的白色鳥蛋是為了讓鳥在黑暗中看得見牠們的蛋。問題是，就算白色的蛋有助於鳥在黑暗中看見（這點我也有疑問），那還是不能解釋鳥蛋的顏色與樣式為什麼會有那麼大幅的變化，尤其是那些非洞穴巢鳥類的蛋。為什麼沒有一種防曬效果最好的顏色？如果有的話，那為什麼這些鳥不都選定這種顏色？為什麼有些洞穴巢鳥的鳥蛋也有斑點？已有實驗證實，某些鳥蛋的顏色可避免讓它們被掠食者看見。在一項出名的實驗中，知名的荷蘭動物行為學家丁柏根（Niko Tinbergen）把相同數目的紅嘴鷗天然帶有土黃色斑點的蛋和白色的蛋，放在靠近鷗群的附近，然後記錄這些沒有防護的蛋，被小嘴烏鴉和銀鷗掠食的情況。結果是天然帶有斑點的蛋，受到最少的掠食。

我們可以合理的提出假說，鷸、雙領鴴和鷗鳥蛋的顏色，作用為隱蔽色，是在以視覺辨識蛋的掠食者的選汰壓力下演化出來。問題是，為什麼其他一些在地面上營巢的鳥類，像大多數雁鴨和許多松雞，卻擁有蒼白無標記的蛋，怎麼樣也看不出具有隱蔽色的可能？或許部分答案是大多數這些禽類會把鳥巢藏在茂密的植被中；再者，孵蛋中的雌鳥本身就是個偽裝的覆蓋。或許這些例外證明了規則的存在。

到目前為止，一切都說得通，但還有個疑點。雁鴨和松雞類通常一窩生下不止一打的蛋。如果雌鳥在第一批蛋生下來之後，就開始孵蛋，好隱藏鳥蛋，那麼這些雛鳥將在長達兩週的時間內陸續孵化；因此，同步孵化是有必要的。為了辦到這一點，母鳥必須與蛋保持距離，直到所有的蛋都生下來為止。那麼這些蛋要怎麼樣避免掠食者的吃食呢？我豢養的一隻綠頭母鴨給了我一絲線索。這隻母鴨在我屋前窗下的灌木叢中，把落葉掃乾淨築巢。由於牠被餵食得很好，生了一大批乳脂色帶淡青色的蛋。只不過我從來沒有直接看到過這些蛋。每天早晨在牠生下一顆蛋、離開鳥巢前，牠會用喙把附近的樹葉拉到鳥巢四周，把蛋完全覆蓋。比起蛋殼上的斑點或是母鳥自己的身體來，這些樹葉是更好的偽裝色，前兩者完全比不上。我不知道是否所有的雁鴨和松雞都會以類似的方式將蛋覆蓋，但牠們的鳥巢通常只是地面的低凹處，上有疏鬆的植被可做為覆蓋。不是所有在地面築巢的鳥類所生的蛋都是沒有偽裝色的；例如燕子和岩雷鳥的蛋就帶有大量的黑棕色斑點與花紋。

許多巢居附近沒有零散物件可用來遮掩鳥蛋的鳥類，也和洞穴巢鳥類一樣，擁有純白色的鳥蛋。這些鳥包括蜂鳥、鴿子和鳩鴿在內。只不過這些鳥一窩只生兩顆蛋，因此牠們會在生下第一顆蛋後就開始孵蛋，所以牠們的蛋一般都不會沒有覆蓋。對洞穴巢鳥類以及一次只生一小窩蛋的鳥類來說，牠們的蛋缺乏色澤與標記的最佳解釋，就單純只是沒有那個需要，因此也就不會演化生成。不過先前提過，有些洞穴巢的鳥類確實也會生出帶斑點的蛋；但所有這些鳥類，都把巢築在洞內（真正的洞穴巢鳥類像啄木鳥，會挖掘自己的洞穴，不再添加任何的築巢材料，就把白色的蛋生在裡頭）。因此，我認為那些洞穴巢鳥類帶有斑點的蛋，屬於演化留下來的包袱。那告訴我們這些鳥之前屬於開放巢，後來才轉變成洞穴巢，牠們也保存了在洞裡築巢的習慣（以及給蛋殼塗上顏色），因為並沒有太大的演化壓力讓牠們產生改變。

雖說蛋殼的顏色與標記有隱蔽的作用，但其色澤的多樣性還需要更多的解釋。有些鳥蛋的標記作用就像一面紅旗一樣使其突出。位於美國大西洋以及太平洋沿岸，以及歐洲，有成千上萬隻海鴉在岩架及峭壁築巢。好幾種在峭壁集體築巢的海鴉（包括已經滅絕的大海雀）所生的蛋，其顏色和標記都各不相同，具有無窮的變化，其底色從乳色到白色、紅色、赭色、淡藍色，甚至是深藍綠色。位於底色之上的標記，可能是黃棕色、鮮紅色、深棕色或黑色的汙點、斑點，或細緻的交叉線條；不過有些個體的蛋是沒有標記的。如果一隻雌海鴉失去了牠的蛋（海鴉一窩就有一只蛋），牠會再生一個顏色一模一樣的蛋。反之，與海鴉屬於近親的各種海雀，在洞穴或岩縫中築巢，牠們的蛋就沒有什麼或完全沒有標記。關於海鴉蛋標記的個別特徵，我想到一個類比，就是在緬因州海岸邊上龍蝦罐的標記，該地港灣和入口處漂滿了數以千計、標示龍蝦陷阱的浮球。這些浮球有綠色、紅色、白色、紅白線條等等。在沒有特色的開放海域環境中，想要讓捕龍蝦者記住自己陷阱的確切放置位置，是不實際的事；因此每個捕龍蝦者都使用了不同顏色形式的浮球，好讓他們能迅速辨認自己的陷阱所在。

在二十世紀初盛行收集鳥蛋的年代，「鳥蛋學家」之一里德（Chester A. Reed）說：海鴉「在岩架上盡可能相互靠近地下蛋，抱蛋的海鴉直立坐著，排成一長排，就像守衛的士兵一樣。只要海鴉回家時能找到一顆蛋讓牠孵抱，我懷疑牠們是否知道、或關心那顆蛋是不是自己的。」多虧了二十五年前瑞士伯恩大學動物學研究所的常茲（Beat Tschantz）所做的實驗，讓我們知道里德的說法是錯的。海鴉不會交換孵育彼此的蛋，就像緬因州的捕龍蝦者不會互相去照料彼此的陷阱一樣，兩者都是用顏色和標記來辨識自己的財產。常茲把巢穴裡的蛋做了交換，發現如果把不同顏色或標記的蛋取代了原本的蛋，那麼將會遭到拒絕；如果換上與原來相似的蛋，那就會被接受。然而，鳥類對牠們自己的蛋，並沒有與生俱來的辨識力。舉例來說，如果把海鴉的蛋逐步塗上白色的糞便，那牠們將學會辨識新的形式，並排斥自己原先蛋的形式。海鴉對蛋的挑剔，與某些鳥類（例如銀鷗）的行為大相逕庭；後者會接受任何顏色的蛋，甚至與自己的蛋差異甚大的蛋。可能的原因是，這些鳥的鳥巢位置獨特，可提供充分的定位，讓鳥不愁回不到自己的鳥巢，照顧自己的蛋。至於演化出辨識自己鳥蛋形式的鳥，則處於全然不同的一組演化壓力之下：牠們有需要偵測並摧毀寄生鳥所下的蛋。

如果雌海鴉辨識出自己所生、顏色獨特的蛋，那麼將增進牠的繁殖成功率。反之，在育雛寄生的選汰壓力下，如果雌鳥能在自己的一窩蛋中，辨識出其他鳥所生的蛋，並將其剔除，那麼這隻鳥的繁殖成功率就因而提升。寄生蛋的可能性給宿主鳥帶來了選汰壓力，必須要能夠偵測不同顏色的蛋。這麼一來，就展開了軍備競爭的演化，因為那給寄生鳥帶來了壓力，必須演化出帶有類似宿主蛋上頭的標記來。

歐洲的杜鵑及其宿主可能演化出最複雜的蛋色相配；杜鵑自己從不築巢，其眾多的受害鳥類包括鶺鴒（白色帶有密麻麻灰點的蛋）、花雀（淡藍色的蛋帶有許多紅點），和歐洲的紅尾鴝（藍色沒有斑點的蛋）。生在這些鳥類巢裡的杜鵑蛋，通常與宿主的蛋極為相似。這些蛋的模擬是如此逼真，就算人眼也有困難分辨，哪個是寄生的，哪個又是宿主的。

這樣的蛋色相配是如何發生的，一直是個謎團，因為杜鵑不可能為了與其受害者的蛋相配，自己把蛋塗成想要的顏色。不過真正的答案，可說是同樣地奇特：在特定一個區域裡的杜鵑，屬於一群在生殖上獨立、稱為氏族（gentes）的亞群，其中的雌鳥會選定特別的宿主寄放牠們的蛋。據信氏族的生成是由於地理上的隔離，雖說現今可能有兩個或更多氏族同時生活在一個區域。一種雌鳥只會生下同一種顏色的蛋，也幾乎只會把蛋下在同一類宿主的巢裡。這點究竟是怎麼辦到的，其機制至今仍未完全了解。不過選定在特定鳥種的巢下蛋，以及生出與該鳥種相匹配的蛋，這種行為和生理是經由遺傳的；它們位於雌性染色體上，成為性聯特徵。基本上，杜鵑族群有七「種」不同、卻看起來相似的雌鳥，其行為與鳥蛋的顏色各不相同。如果杜鵑生下的蛋與被寄生鳥種的蛋不相配，那麼不用說，牠們的蛋就會遭到拒絕。這種行為的選汰壓力是很大的，因為與其宿主相比，杜鵑的體型要大得多，因此養育牠們的雛鳥以至成年，將用盡代養父母的所有覓食力氣。結果是，這些杜鵑的雛鳥總是會把牠們所在鳥巢裡其他的蛋給推到一旁。

遭杜鵑大幅寄生的歐洲燕雀目鳥類，承受了想要擊敗寄生行為的強烈選汰壓力。因此宿主對於蛋殼顏色的樣式，發展出極強的注意力，只要看到有杜鵑的蛋就會放棄鳥巢或是把杜鵑蛋丟出巢外。這種做法給杜鵑帶來更強的壓力，促使杜鵑產生出模擬性更好的蛋。

北美洲鳥類的寄生蛋現象，也沒有好到那裡去，只不過鳴禽類最主要的寄生者，褐頭牛鸝，迄今為止並沒有演化出蛋殼顏色的擬態，但牠們卻是極為成功的寄生者。褐頭牛鸝是最常見的燕雀目鳥類之一，分布也是最廣者之一。根據長期研究鳥類育雛寄生的學者弗利德曼（Herbert Friedmann）的說法，褐頭牛鸝寄生了超過三百五十種或亞種的鳥類。有些物種損失慘重，在某些地區，高達七八％的歌帶鵐鳥巢都是牛鸝蛋寄生的受害者。不過牛鸝偶爾也會把蛋下在一些不大可能的宿主巢裡，像是斑腹磯鷸和紅冠戴菊，以及許多其他鳥類的巢；下在這些鳥巢的蛋，一般都會遭到破壞或逐出。因此，牠們可是損失了不少蛋。牛鸝偏好開闊的棲地，牠們從草短的中西部草原向東部遷徙，還是近兩三百年的事。

在這場蛋的武器競賽演化中，只有一些牛鸝的受害者演化出適當的反應來排斥外來蛋。加州大學聖塔芭芭拉分校的羅斯坦（Stephen I. Rothstein）用熟石膏製作了假蛋，並

■珠頸翎鶉和斑唧鵐把蛋下在同一個鳥巢裡（根據相片繪製）

塗上模擬牛鸝蛋的顏色。他把這些假蛋放在分屬四十三種鳥的六百四十個鳥巢裡，發現有三分之二的燕雀目鳥類接受了寄生的鳥蛋，只有四分之一的鳥類會固定拒絕這些假蛋。像紅翅黑鸝、北美黃林鶯、霸鶲和家燕這些鳥，會固定接受假蛋以及真的寄生蛋；其他像貓嘲鶇、旅鶇和王霸鶲這些鳥則會固定地拒絕。由於這些鳥要麼是固定的「接受者」，要麼是固定的「拒絕者」，羅斯坦推測，一旦拒絕行為寫在了基因裡，由於該行為擁有巨大的好處，於是這項特徵就迅速傳開，且變得根深柢固。

由於牛鸝這個將蛋寄生於其他鳥巢的物種在選擇鳥巢上，不是很挑剔，因此牠們的舉動不是成功，就是失敗，其生殖的努力與資源不是浪費就是得到加強。不過牛鸝對於其雛鳥的存活與否，可能還是會留意一二：牠們會回去檢視把蛋寄生的鳥巢，看看自己的寄生行為是否成功。這麼做可讓牠們學會分辨牠們的蛋在哪些鳥巢失敗了，在哪些又成功了。經過持續不斷的共同演化，可以預期的是，巢寄生者會局限其選擇，只挑選那些讓牠們的繁殖成功率有最大回報的物種。反之，被寄生的物種也會感到巨大的選擇壓力，讓牠們在接受孵育的蛋上更為挑剔；這也造成寄生蛋出現更為逼真的擬態。對牛鸝來說，牠們的蛋不只是要偽裝成與環境中的樹葉和卵石相近，同時還要與其他的蛋相似。

在寄生者與潛在宿主的初期關係中，牠們的蛋缺少相配的顏色，可能對寄生者的成功並不是必要的。不過就如同歐洲的杜鵑那樣，相似度的重要性終究會顯現。如果說寄生者和宿主的蛋完全一樣，那麼拒絕行為可能就不會出現（一開始，拒絕行為可能是隨機出現，最終則是由演化得出）。的確，歌帶鵐與褐頭牛鸝的蛋在大小以及密集的褐色斑點上都相似，因此，歌帶鵐很少會拒絕褐頭牛鸝的蛋。至於旅鶇和貓嘲鶇的蛋都是光潔的藍色，牠們就總是會拒絕牛鸝的蛋。反之，霸鶲的蛋是純白色的，牠們也會接受牛鸝的蛋。只不過在岩架或穀倉橫梁築巢的霸鶲，究竟會不會注意到自己生的蛋的顏色？

由於對抗寄生蛋的關鍵因素是對於蛋的辨識，合理的推測是偵測外來蛋的方法，終將會演化出來。如果說一窩蛋裡的蛋都是類似的，那麼要辨識出外來者的蛋就會容易得多。這樣的說法是否有助於解釋下列的事實？像會受到巢寄生的鳴禽類所生的一窩蛋，都具有一致的顏色；幾乎不會遭到巢寄生的隼、鷹和渡鴉所生的一窩蛋裡，就會出現不同的顏色。

在德國研究杜鵑蛋擬態的任許（Bernhard Rensch）想知道鳴禽類是否認得牠們自己的蛋，於是進行實驗：他把園林鶯巢裡最早生出的三顆蛋換成白喉林鶯的蛋，結果園林鶯將自己生的第四個蛋給拒絕了！任許的結論是，拒絕蛋的行為並不是由於鳥認得自己的蛋，而是根據其外表與巢內其他的蛋相同與否。羅斯坦也做了類似的實驗，顯示鳴禽是會學習辨識自己所生的蛋，對巢裡生出的第一顆蛋產生銘印作用。這一點可由下列實驗明白顯示：羅斯坦每天都把貓嘲鶇生在巢裡的蛋取走，並放入牛鸝的蛋。雖說貓嘲鶇一般都會排斥與自己生的蛋並排的牛鸝蛋，但這隻貓嘲鶇卻接受了整窩的牛鸝蛋。這時，把一顆貓嘲鶇的蛋放進巢裡，則會遭到拒絕。

最常見的巢寄生行為，很可能發生在同種當中；也就是雌鳥把蛋下在其他同種的鳥巢裡，這樣一來，牠們的蛋就會自然而然地融入。這些蛋將與其他的蛋有百分之百的相配，也保證會獲得良好且合適的照顧，就好比某些人家的小孩與其他家的小孩看起來像同卵雙生，因此就不難將小孩質押給其他已經有相同年齡小孩的家庭。

幫忙養育同種其他成員的下一代，可能在鳥類經常發生，但一般來說我們不會察覺；這一點，非洲的黑頭群織雀這個特定物種提供了最佳範例。與大多數都是單獨築巢的其他鳥類不同，好幾家黑頭群織雀會群居一處，但牠們會生出不同顏色的蛋：一家是綠色的蛋，一家是藍色，一家是赭色，而另一家則是無色，就好像牠們屬於不同物種一般。一如杜鵑，每隻雌群織雀一輩子所生的蛋都是同一種特定顏色。由於牠們的鳥巢很靠近，可讓雌鳥輕易就能監視鄰居的鳥巢，並在合適的時間下一顆蛋在裡面。不論是失誤還是有意為之，這種做法具有適應性，因為那會增加另一隻雌鳥的窩卵數，前提是另一隻鳥沒有發現下蛋的行為，也沒有將不同的蛋給移除。

我們可以想像一二，群織雀是如何演化出如此大量不同的鳥蛋顏色：假設突變出現在一隻雌鳥身上，讓牠生下綠色的蛋，而其他鳥生出的都是白色的蛋。在此突變發生前，該隻雌鳥將不可能辨識出現在牠巢裡的寄生蛋；但當牠生下與其他鄰居顏色不同的蛋時，牠可能是該族群裡唯一能避免被寄生的雌鳥（當然牠自己也不能夠再把蛋寄生給別的鳥）。這些群織雀確實是利用蛋的顏色當作提示，來排除同種間的寄生蛋。

我們可能永遠也不會百分之百的確知，旅鶇的蛋為什麼是藍色的，或是王霸鶲的蛋為什麼是白色帶有深棕及紫色的點。不過，這種多變的樣式顯示，造成這種情形的演化壓力也是各式各樣。鳥蛋的顏色反映了我們目前所見、處於不同階段的許多演化道路的架構，也依次給心靈和眼睛帶來色澤，給蛋增添了額外的美麗，那是人的畫筆永遠無法企及的。

34 鳥、蜜蜂和美：適應的美學

Birds, Bees, and Beauty: Adaptive Aesthetics

《自然史》（*Natural History*）二〇一七年三月號

美牽涉到生活中許多關鍵且特殊的面向。我們不會去定義美或考慮美的演化，就直接接受美。這是個古老的主題，可以簡單地從代表性例子看出，像是孔雀的巨型尾巴，天堂鳥的鮮豔羽毛，以及園丁鳥搭建的優美構造等。

達爾文在一八七一年出版的《人類原始論與性擇理論》（*The Descent of Man, and Selection in Relation to Sex*）中認為這些奢華的雄性展示，是經由雌性的選擇造成的。早在七十八年前的一七九三年，史普倫格在他寫的《揭開大自然的祕密：花朵的構造與授粉》一書得出如下結論：花的顏色、香氣與形狀不是為了取悅人類用的，而是為了吸引蜜蜂，好讓蜜蜂幫它們受精。由於史普倫格的同代人、知名的作家／哲學家／詩人歌德徹底奚落了史普倫格的授粉想法（蜜蜂是為了花的利益而工作，花則以花蜜來報償蜜蜂），說這種想法是急功近利且愚蠢的人類理性入侵，於是史普倫格的驚人發現被束之高閣，無人聞問。

直到經由適應而演化的機制給弄清楚（至少是發表出來），以及近因與終極因之間的區別能夠分清楚之前，史普倫格的想法似乎難以用人類的理性解釋。然而就算達爾文最早的「適者生存」說法，顯然也找不出為什麼長且笨重的孔雀尾巴能夠讓牠們成為適者。反之，那讓擁有者背負了巨幅的成本代價，似乎才是真實的。

如果說，某項帶來繁殖成功的特徵需要花費巨大成本，而對該特徵的選擇是隨機為之，那就說不通為何要做這樣的選擇。更合理的選擇是成本不那麼高，或更好的是，具有適應價值的特徵。難道說雌孔雀不應該演化出偏好雄性小而輕的尾巴，可增進飛行時的敏捷與效率，更好地逃避掠食者，同時其後代也會遺傳到同樣的優點，而非負擔？雌孔雀根據美感的吸引而選擇帶來不便的特徵，並不符合眼前的利益，似乎也挑戰了達爾文適者生存的中心思想。為了解決這個問題，達爾文把對美感的吸引放在一個不同的範疇：他發明了一個稱為「性擇」的類別。這麼做，他從他和華萊士（Alfred Russel Wallace）提出的「天擇」中，單獨分出了另外一條。不管怎麼說，與選擇居住環境、食物、住家，或任何能增進存活和生殖的事情相比，性擇並沒有更不自然。所有這些根據的都是偏好與選擇；所有的選擇都是自然的，不論是選擇逃走、戰鬥、交配、築巢、遷徙，還是進食。

根據美感的天擇結果，對生殖成就來說，經常看起來像是中性，甚至有相反作用；但那可能只是從短期的結果來看，並沒有把最終的好處列入考量。我們可以再來看看孔雀的巨大尾巴，以及春天的山鷸豐富的天空舞蹈。毫無疑問，這兩個特徵都是耗費能量且會吸引掠食者；但這些雄性動物為了想把基因傳給下一代，就必須花費成本投資在這些特徵上。雌性選擇具有這些特徵的雄性做配偶，生出的下一代也會具有這種對配偶的偏好以及特徵。雖然這種選擇增加了一些參與者的死亡率，並降低了大多數參與者的繁殖成功，但相對地大幅增加了少數具有這種特徵者生出的後代數目。繁殖成功一直只是單純地指那些基因彩票玩家的成功者，而非失敗者。在這個例子，出現這種選擇的相關環境，是雄性面對來自他者的配偶選擇競爭。因此，可能使許多雄性致死的特徵，卻是雌性為了最大化傳遞其基因、而選擇的生殖成就標記（同時也是雄性為了牠們基因的繁殖成功，必須取得的特徵）。牠們這麼做，是經由牠們對美感的選擇所引領。這樣的選擇與鳥類選擇將何種顏色的蛋從一窩蛋中剔除，或是選擇哪個棲地，或吃哪種顏色的漿果，重要性並沒有更低。

在此的問題，不是說某個美感信號是否導致了整個物種的生殖成就，而是說是否展示了擁有該信號個體的繁殖成功。然而更深沉的問題是：一個包含許多個體的族群，是如何讓每個成員都同意或趨同於某個獨特且看似隨意的模式，並讓所有成員都喜歡。乍看起來，這種過程會定期發生，似乎很特別。選擇正確的漿果或棲地的好處顯而易見，偏好習得或天生的美感選擇也一樣，因為選擇正確的伴侶至少是同樣重要。由美感的驅動來決定最佳伴侶，一如辨識恰當的食物與合適的棲所。趨異演化是降低競爭的重要機制；在此我假定在兩個相似的兄弟物種之間，這一點也是極為關鍵的事，與物種形成也有所牽連。不同物種對選擇配偶的品味分歧甚大，也固定出現，因為分辨不清物種的個體，將導致自身基因留在基因庫的數量變少；這一點可是毫無隨意可言。

從生態的脈絡來看，先前隔離的物種重新相聚，求偶信號的表面隨意性就消失了；這時差異就變得具有適應價值。如同選擇棲地的偏好趨異降低了競爭，性徵的歧異代表著選擇具有不同信號的區位。想要了解美感是什麼以及為什麼美感具有適應性，趨異演化是個線索。我們可以拿兩個熟知的馬科動物為例：驢子與馬。雌馬可以與雄驢交配，但牠們生出的子代，騾，卻是不孕的。按適應性演化的說法，這一點讓雌馬不要浪費交配的機會在近親物種上，免得生出來的子代永遠不再能傳遞牠的基因。對單配偶或生命期不長的物種來說（譬如鳥），雜交的破壞性更大，因為終其一生，牠們只能繁殖一次或少數幾次。

對外貌各異的物種來說（這種情況在分離的族群中會自然形成），想要成為成功的繁殖者，其成員必須要在混雜許多可能的信號中，偵測出該物種的特色標記。當我還是個年輕的業餘鳥類學家，在柏林的自然史博物館檢視我父親在一九三〇年代於印尼西里伯斯（現名蘇拉威西）蒐集的鳥類標本時，我發現分類屬於鶇科的大短翅鶇標本中，有明顯的個體差異。該鳥類是由當時知名的鳥類學家史崔斯曼（Erwin Stresemann）所描述的。從一座山與另一座山所蒐集的標本中，顯示出體型與顏色的明顯差異，但我不能分辨牠們屬於同一或不同物種。就算訓練有素的分類學家也有困難分辨；顯然史崔斯曼沒有把牠們分成不同的物種，但我不知道他的根據何在以及為什麼。不過我認為這些鳥將會變成不同物種：牠們根據自己的美感眼光所做的伴侶選擇，將傳給牠們的下一代；後者選擇伴侶的美感品味將持續演化，根據的不是相似物種的共通之處，而是根據牠們的不同點。因此牠們在未來將會繼續變得愈來愈不同。[13]

我們可以把熊蜂視為植物的偽性器官。某種與其他種植物同時開花的植物，為了想讓授粉者對自身的花保持忠誠，只能靠自己的花發出的信號與鄰近植物的花發出的信號不同。假定相互競爭的植物所開的花都是紅色的簡單平台，那麼蜜蜂在看到這兩種植物的花時，會認為兩者是同一種植物，於是就會不加分辨地讓兩種植物「交配」。兩種鄰近植物的花差別愈大，蜜蜂對花的忠誠度也就愈高，因此對某種植物造訪的次數愈多，其種子受精的機會也愈高，生出的子代也愈多。只有在沒有競爭的情況下，這種信號確實是全然隨意為之的，但那種情況幾乎是不存在的。

植物的生殖生物學與鳥類、昆蟲以及其他動物的極為近似，其不同處則顯示了我們對其生物學的了解。花朵由葉片演化生成，作用是吸引注意的美感裝飾。舉例來說，我在緬因州森林深處的木屋四周，有些加拿大草茱萸和檵葉莢蒾的一些花瓣在展開前是淡綠色的假葉，開啟後則是吸引人的白色。其花序的安排是位於外側的花只是展示用，沒有子房。不論是單獨還是以花序存在，做為美感吸引物的花朵形狀同時也是指標、路徑及護欄，提供授粉者實質的指引，以便抵達花的生殖器官。在此，美感與實用的功能合而為一。

當有兩種非常近似的鳥類生活區域靠近時，同樣的選擇原則也適用。重點是發出信號，引起注意力，維持對該信號的忠誠度，以及利用差異突出該信號（最好與競爭者的信號有巨大的差異），以強化或增進忠誠度。鳥類的求偶訊號可以是視覺及聽覺並存，嚙齒類動物、犬類及昆蟲則可能使用嗅覺。隨著時間推移，代表美感的符號也會隨著根據生殖成就的天擇而產生趨異演化。如果美感不發揮作用，好比許多昆蟲（以及某些雁鴨和靈長類），其性器官的型態則會出現差異，可以禁止或打消不同種之間的交配（就

原注 13 這個想法是三十年前我在緬因州時想到的，當時我正在做熊蜂覓食行為的田野調查研究。

算牠們嘗試了也不成）。

經由動物授粉的植物擁有許多子房，每一個都裝飾了特別的誘惑物。這些吸引裝飾通常在受精過後幾天或幾小時內就枯萎掉落。在已經受精的子房還保留美感的裝飾，將降低授粉者造訪那些還沒有受精花朵的機會；因此，受精後繼續保持裝飾是要付出代價的。同理，鳥類的性誘惑物也要付出吸引掠食者的代價。但鳥類與植物不同，牠們無法在短時間內就卸下性裝飾物，因為羽毛需要花費長時間才長好，花費也大，同時還具有其他功能。不過鳥類可以選擇在特定場合或時段，才展現及賣弄其引人注目的美感裝飾。

人類可能是具有能力快速改變美感的最佳示範，其目的也是為了配偶的選擇。我們擁有基本的性偏好信號（例如體型），這可能是從實用性的個人生殖成就所得出（一如植物的綠葉變花情節）；但就像花的形狀，如今花的顏色已是隨意為之，並不提供生存的好處。

特定的歌聲或舞蹈，以及為了生殖成就而演化出的身體改進，都是從審美的目的演化得出。但有個重點需要指出：改變是會發生的。有位教過我的教授曾嘲諷道：判斷生殖成就的標準可能不再是「十六歲時能言善道」的能力。我們可以看看不同時代與不同文化的時尚變化：體型、打扮、化妝、香味、身體裝飾、身體藝術與服飾等。或許與之類似的是，雄性大翅鯨用牠超凡脫俗、讓人難忘的歌聲推銷自己；在聽得見的範圍內，所有的大翅鯨都唱著同一首複雜的歌。但每過幾年，這些歌會有所改變，所有的鯨魚也都會採用新歌。這種形式顯示了生物對新鮮事物天生的喜愛，或稱喜新性（neophilia），也就是對新事物的審美。年輕的渡鴉展示了這一點，也就是尋找新食材的適應。由於這種美感，渡鴉可以也確實是生活棲地範圍最廣的動物，能與人類媲美。

在性擇當中，美感必然是保守且高度專一的。能造成吸引的特徵，也是會讓多數遵守的，規範因此形成。但規範終究會改變，因為當所有成員都變得一模一樣時，獨特或創新就會開始冒出頭來。那些增加了一點額外特徵的，將引起注意：那是從一排待選者行列中，被看到、聽到以及注意到的特徵。一旦被選中，該特徵就會往下傳（在人類和鯨魚的例子，是以文化的形式），並變得具有適應性，且可能繼續演化。雖說人屬於靈長目，但我認為人類的展示不會演化出像雄性山魈的紅藍面孔，或是像雄性綠猴的淡青色生殖器。人類不是獨一無二的，但我們在食物、棲所、伴侶以及藝術上，有自己的選擇，雖然我們的選擇經常看似古怪、難以捉摸。

35 在森林中看見光

Seeing the Light in the Forest

《田野筆記》（*Field Notes*）佛蒙特大學田野自然學家與生態計畫研究學程發行的刊物，二〇一七年二月

二〇一七年二月，某天清晨時分，一隻山雀在鳴唱著，一隻絨啄木鳥在敲打著，東方地平線從紅色轉成黃色。披頭四的歌是這麼唱的：「太陽出來了……這是個漫長寒冷孤獨的冬天……」過去幾個月，都很少見到陽光。匱乏可以是件好事，因為那會讓我們注意到平時視為理所當然的事；匱乏迫使我們注意到自己缺了什麼。此時此刻，我確實注意到、也感謝陽光。整個冬天的大部分早晨，我都是在黑暗中起身，急切地等待地平線出現的曙光。在此同時，我只能就著燒木柴的爐子映在木屋地板的微弱火光勉強看清。

光是一道電磁光譜，其中只有一小部分是人眼能看見的。我們看不見紫外線，也看不見木柴爐子發出的熱，但它們都同時存在著。從爐子裡發出的火光，來自木柴裡貯存

的前一年陽光。昨晚我讀書時使用的燈光，來自一只二十美元購得的太陽能充氣燈，電力是由上頭七公分見方的光電晶片於前一日捕捉的。這是項令人驚嘆的科技，只需按個小按鈕，就能捕捉及釋放光。這種燈的光源，是前一日下午捕捉的陽光，從太陽經八分二十秒的旅程抵達地球。至於陽光本身，則是核融合反應中，氫原子經碰撞生成氦時所產生。

由一只太陽能充氣燈製造的奇蹟，卻是我周遭所有的樹木固定在做的事。它們將陽光的能量以分子鍵結貯存在木質裡，一直保存到樹木死亡、腐朽，或是等我將其放進爐中燃燒釋放。在此，陽光是由葉綠素分子所捕捉，那是種生物的光捕捉器；其反應過程中將空氣中的二氧化碳抓住，同時釋放出氧。光合作用將太陽從原子融合產生的能量，以分子融合的方式儲存在木質裡。

木質是地球上最了不起的植物產生的適應，做為支架將捕捉太陽能的樹葉撐向天空。每棵樹都彼此競爭向上生長，爭取陽光的照射。我身旁火爐裡燃燒的那塊木柴，來自一年前我淘汰的一棵楓樹，理由是為了讓附近更多的其他樹木生長。該塊木柴是由之前幾十年捕捉的陽光和二氧化碳生成。

以木材的形式儲存陽光，使得我在沒有電力網供應的森林木屋裡也可以過冬。在此同時，油罐車每日會在鄰近的道路開上開下，遞送碳氫貨物；那也是儲存的太陽能，

■混雜生長的物種，才成就了森林。圖中是一棵橡樹和一棵白樺。

早在楓樹存在前就由葉綠素捕捉。如今我們將這種光能從地底開採出來，然後以突然和明顯不可回收的方式，致力於將花了億萬年時間才隔離在地底的能量釋放，重返大氣之中。

地球上最古老的化石，屬於一些行光合作用的生物。經由葉綠素的神奇作用將氧釋放進入大氣，使得有氧呼吸生物得以演化生成。如今，空氣中的氧主要還是來自植物，森林植物則是大氣的主要維護者。經由其根部的網絡系統，森林也製造了土壤。森林的根部網絡捕捉並儲存了水分，否則水是不會留在土裡的。它們創造了大氣、氣候與棲地，以及給百萬計物種提供了住所和食物。因此，我們對於把樹砍下燒掉的想法，會反射性地遲疑，或許也應該如此。但同時間想到森林其他部分的好處，也同樣重要。

樹木的存在顯而易見，但它們也只是森林的組成之一。顯然我們需要更多的樹；對生態豐富的森林來說，將大片土地清除，改成栽植林，是差勁的替代之道。但放任不管也不是解決之道。

我們維持以及建造森林，是因為森林帶來直接以及可讓人感受到的價值。我對於樹木情有獨鍾，不只是因為它們是陽光的化身。我也喜歡紙張、桃子、蘋果、橘子、榛子、木質相框，以及木製船舶。我也關心森林，森林裡的樹，以及所有生活在其中以及附近的生命。建造一座森林，代表著經由保留樹木來收穫樹木，包括最大的、最好的、希罕的，以及常見的，讓它們一生都留在那裡。

問題不在於我們利用樹木：使用不是問題，濫用才是。我們破壞森林，然後只是以單種樹木取代。只不過如果說濫用是不分青紅皂白就直接以信條戒用的理由，那我們也大可以禁止將動物當做寵物飼養，甚至禁止生養小孩。做任何事都是有代價的，重點在於平衡，而不只是施壓。或許這才是看見了光（出路）。

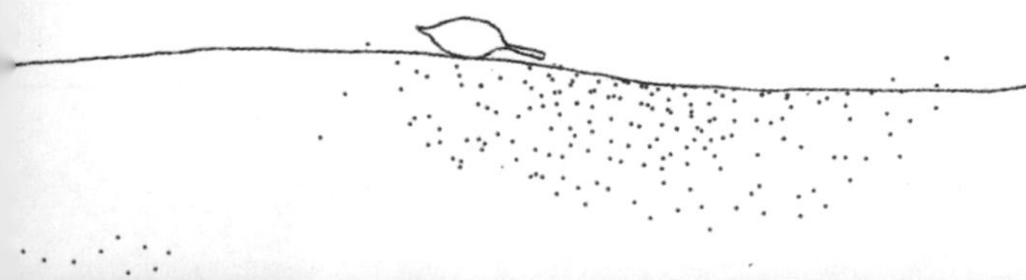

中英譯名對照表

牛鸝｜ cowbird
王霸鶲｜ kingbird

五畫

仙客來｜ cyclamen
冬眠｜ hibernation
加拿大冬青｜ winterberry
加拿大虎紋鳳蝶｜ *Papilio canadensis*
加拿大草茱萸｜ *Cornus canadensis*
加拿大草茱萸｜ bunchberry
北美大天蠶蛾｜ Cecropia
北極毛熊蛾｜ *Gynaephora*
北極熊蜂｜ *Bombus polaris*
北極罌粟花｜ Arctic poppies
卡梅爾蜂蘭｜ Carmel orchids
卡梅爾蜂蘭｜ *Ophrys carmeli*
叩頭蟲｜ click beetle
四角天蛾｜ four-horned sphinx moth
巨翅鵟｜ broad-winged hawk
幼鳥｜ chick
母鹿｜ doe
生長素｜ auxin
生理學｜ physiology
田鼠｜ vole
白尾夜鷹｜ *Caprimulgus cayennensis*
白足鼠｜ deer mice
白條天蛾｜ *Hyles lineata*
白喉林鶯｜ lesser whitethroat
白喉帶鵐｜ white-throated sparrow
白楊樹｜ poplar
白蠟樹｜ ash

六畫

交喙雀｜ crossbills
光面狐猴｜ indri
因努特人｜ The Inuit
灰鼩鼱｜ smoky shrew

一～三畫

一枝黃花｜ goldenrods
八角｜ anise
兀鷲｜ vultures
叉角羚羊｜ pronghorn antelope
口足目｜ Stomatopoda
土撥鼠，美洲旱獺｜ woodchucks
土鱉蟲｜ *Carabus coriaceus*
大步甲蟲｜ *C. cancellatus*
大長臂猿｜ siamang gibbons
大海雀｜ great auk
大翅鯨｜ humpback whales
大彗星風蘭｜ *Angraecum sesquipedale*
大短翅鶇｜ *Heinrichia calligyna*
大鵰鴞｜ great horned owl
小石楠｜ bog rosemary
小嘴烏鴉｜ carrion crows
山毛櫸｜ beeches
山冬青｜ mountain holly
山地仙女木｜ *Dryas integrifolia*
山雀｜ chickadee
山魈｜ *Mandrillus sphinx*
山魈｜ Mandrill baboons
山鷸｜ woodcocks

四畫

中國栗樹｜ *Castanea mollissima*
天幕毛蟲｜ tent caterpillar
尺蠖｜ Geometridae
尺蠖｜ geometrid
木質部｜ Xylem
毛茛科｜ Ranunculaceae
毛茛科植物｜ buttercups
毛腿夜鷹屬｜ *Eurostopodus*
水仙花｜ hyacinths
牛背鷺｜ cattle egrets
牛羚｜ wildebeests

狒狒｜baboons
花金龜｜cetoniid beetles
花栗鼠｜chipmunks
花雀｜bramblings
虎甲蟲科｜Cicindelidae
虎耳草｜*Saxifraga oppositifolia*
表面張力波｜capillary wave
金甲蟲｜*C. auratus*
金冠戴菊｜Golden-crowned Kinglet
金翅雀｜goldfinches
長毛象｜woolly mammoths
長尾輝椋鳥｜glossy starling
長臂猿｜gibbons
雨樹｜rain trees
非洲水牛｜Cape buffalo
非洲野犬｜*Lycaon pictus*

九畫

冠啄木鳥｜pileated woodpecker
冠藍鴉｜blue jays
南猿｜*Australopithecus*
垂瓣｜fall
威氏田鷸｜Wilson snipe
柔荑花序｜catkin
柯氏效應｜Coriolis effect
柳葉菜｜*Epilobium*
柳蘭｜fireweed
洋紅蜂虎｜carmine bee-eater
流蘇鷸｜ruffs
相思樹｜acacias
紅尾鴝｜redstarts
紅松鼠｜*Tamiasciurus hudsonicus*
紅背田鼠｜red-backed vole
紅翅黑鸝｜red-winged blackbirds
紅嘴鷗｜black-headed gulls
美洲白楊｜aspen
美洲紅胸鳾｜nuthatches
美洲狼鱸｜white perch fishing
美洲獅｜cougar
美洲落葉松｜tamarack
美國白蛾｜fall webworm

肉食性動物｜carnivores
肉蠅｜flesh flies
肉蠅科｜Sarcophagid
吉貝素｜gibberellin
同色甲蟲｜*C. concolor*
舟蛾｜notodontid

七畫

低毒性病毒科｜Hypoviridae
冷杉｜fir
含羞草｜*Mimosa pudica*
吸汁啄木鳥｜sapsucker
吼猴｜howler monkeys
形成層｜cambium layer
扭角林羚｜kudu
杏樹｜almond trees
杜鵑｜cuckoos
步甲科｜Carabidae
求偶場｜lek
豆科｜Fabaceae
赤楊卷葉綿蚜｜*Prociphilus tessellatus*
赤楊樹｜alder tree
希伯來罌粟｜*Papaver umbonatum*

八畫

刺果｜burrs
卷莖蓼｜bindweed
卷莖蓼｜*Polygonum convolvulus*
夜行性｜nocturnal
夜蛾｜noctuid
夜鷹｜nightjar
夜鷹屬｜*Caprimulgus*
岩雷鳥｜rock ptarmigans
披肩松雞｜ruffed grouse
拉不拉多茶｜Labrador tea
東方霸鶲｜eastern phoebe
松金翅雀｜Pine Siskin
松雀｜pine grosbeaks
松雞｜grouse
板油｜suet
林鶯｜warblers

草地鷚｜ meadowlark
草原榛雞｜ prairie chickens
草蛉｜ lacewing
蚜蟲｜ aphids
馬利筋｜ milkweed
馬島長喙天蛾｜ *Xanthopan morganii praedicta*

十一畫

側金盞花｜ *Adoni*
啄木鳥｜ woodpecker
啄牛鳥｜ oxpeckers
寄生枯病菌｜ *Diaporthe parasitica*
寄生熊蜂｜ *B. hyperboreus*
旋花科｜ Convolvulaceae
曼陀羅屬｜ *Datura stramonium*
曼陀羅花｜ jimsonweed
梧桐樹｜ sycamore
牽牛花｜ morning glories
粗角金龜屬｜ *Amphicoma*
粗野粉蠅｜ *Pollenia rudis*
羚羊｜ antelope
荷包豆｜ *Phaseolus coccineus*
荷包豆｜ runner beans
蛆｜ maggots
豉甲｜ whirligig beetles
豉甲科｜ Gyrinidae
豉甲醛｜ gyrinidal
雀形目鳥類｜ passerine
雀形目鳥類｜ perching birds
雀鷹｜ Accipiter hawks
雪鵐｜ snow bunting
頂芽優勢｜ apical dominance
麻鷺｜ bittern
陸蓮花｜ *Ranunculus asiaticus*
眼紋天蠶蛾｜ Io moth

十二畫

單萜烯烴｜ monoterpene hydrocarbons
寒鴉｜ jackdaws
惡毒夜鷹｜ Diabolical Nightjar
斑唧鵐｜ Spotted Twohee

美國栗樹｜ American chestnut
美國栗樹｜ *Castanea dentata*
胡狼｜ jackals
胡蜂｜ hornets
致幻劑｜ hallucinogen
茄科｜ Solanaceae
重力波｜ gravity wave
風車木｜ leadwood trees
飛羚｜ impala
飛燕草｜ larkspur
食蚜蠅｜ syrphid flies
香柏｜ cedar
香脂樹｜ mopane tree
香脂樹｜ *Colophospermum mopane*
香脂樹大天蠶蛾｜ *Gonimbrasia belina*

十畫

倍半萜乙醛｜ sesquiterpenoid aldehyde
倍半萜化合物｜ sesquiterpenic compounds
凍原｜ tundra
哺乳動物｜ mammalian
唐棣｜ serviceberry
埋葬蟲｜ sexton beetles
埋葬蟲｜ burying beetles
埋葬蟲科｜ Silphidae
姬蜂｜ ichneumon
家燕｜ barn swallows
捕蠅草｜ Venus flytrap
旅鶇｜ robins
栗樹｜ chestnut
浣熊｜ raccoons
海雀｜ auklets
海象｜ walrus
海鴉｜ murres
涅索斯天蛾｜ Nessus sphinx moth
烏頭｜ monkshood
珠頸翎鶉｜ California quail
秧雞｜ rail
粉蠅｜ *Pollenia*
翅鞘｜ elytra
脂族酸｜ aliphatic acids

滕鷸｜godwits
暗色夜鷹｜*Caprimulgus nigrescens*
榆樹｜elm
溪蓀，或東方鳶尾｜blood iris
溪蓀，或東方鳶尾｜*Iris sanguina*
矮冬青｜wintergreen
群織雀｜weaverbirds
聖甲蟲｜scarab beetle
落葉松｜larch
葉蚤｜flea beetles
葉蟬｜leafhoppers
蛺蝶｜mourning cloak butterfly
馴鹿｜caribou

十四畫

旗瓣｜standard
榛樹｜beaked hazel
槤葉莢蒾｜*Viburnum lantanoides*
槤葉莢蒾｜hobblebush
構造；形態學｜morphology
歌帶鵐｜Song Sparrow
綠猴｜*Chlorocebus aethiops*
綠猴｜vervet monkeys
綠鵙｜vireo
綠蠅｜bottle flies
翠鳥｜kingfishers
蒼鷹｜Goshawk
蒼鷹｜*Accipiter gentilis*
裳蛾｜*Catocala*
豪豬｜porcupines
銀蓮花｜anemones
銀鷗｜Herring Gull
鳳仙花｜jewelweed
鳳仙花｜*Impatiens capensis*
鳶尾｜iris
鳶尾科｜Iridaceae

十五畫

彈尾蟲｜collembolans
彈尾蟲｜springtails
撲翅鴷｜flicker

斑腹磯鷸｜Spotted Sandpiper
斑鮭｜char
斑點鈍口螈｜Spotted Salamander
普通渡鴉｜*Corvus corax*
普通朱頂雀｜redpolls
椋鳥｜starlings
殼斗科，又稱山毛櫸科｜Fagaceae
猩紅比藍雀｜Scarlet Tanager
短毛埋葬蟲｜*Nicrophorus tomentosus*
短尾鼩鼱｜short-tailed shrew
短尾鵰｜Bateleur Eagle
紫花牽牛｜*Ipomoea purpurea*
紫菀｜asters
菊科｜Compositae
菸草天蛾｜*Manduca sexta*
萎菌病｜blight
雲杉｜spruce
黃皮金合歡，發燒樹｜fever trees
黃昏蠟嘴雀｜evening grosbeaks
黃眉灶鶯｜Northern Waterthrush
黃帶熊蜂｜*B. terricola*
黃菖蒲，或黃鳶尾｜*I. pseudacorus*
黃菖蒲，或黃鳶尾｜yellow flag
黃腰白喉林鶯｜Yellow-rumped Warblers
黃腹吸汁啄木鳥｜*Sphyrapicus varius*
黃腹吸汁啄木鳥｜Yellow-bellied Sapsucker
黃蜂｜wasp
黃樺樹｜*Betula alleghaniensis*
黑白疣猴｜colobus monkeys
黑白苔鶯｜Black-and-white Warbler
黑花鳶尾｜*I. atrofusca*
黑頂林鶯｜Blackpoll Warbler
黑猩猩｜chimpanzees
黑頭群織雀｜*Ploceus cucullatus*
黑爵床花｜*Beloparone californica*
黑蠅科｜calliphorid

十三畫

嗉囊｜crop
園丁鳥｜bowerbirds
園林鶯｜Garden Warbler

鼩鼱｜ shrew

十九畫
羅布麻｜ dogbane
羅布麻｜ *Apocynum*
鵪鶉｜ quail
麗蠅｜ blowflies
麗蠅科｜ Calliphoridae

二十畫
罌粟花｜ poppies
罌粟科｜ Papaveraceae
觸角｜ antennae
警戒色｜ aposematic coloration
鏽斑熊蜂｜ *Bombus affinis*

二十一畫
鐵杉｜ hemlock
霸鶲｜ phoebes
鶺鴒｜ wagtails

二十三～二十九畫
變色鳶尾｜ *Iris versicolor*
鷦鷯｜ wren
鬣狗｜ hyena
鱸魚｜ bass
鬱金香｜ tulips

歐白英｜ *Solanum dulcamara*
歐白英｜ nightshade vines
歐洲栗樹｜ *Castanea sativa*
歐洲銀蓮花｜ *Anemone coronaria*
歐洲銀蓮花｜ crown anemones
潛鳥｜ loons
膠冷杉｜ balsam fir
蓼科｜ Polygonaceae
蝦蛄｜ mantid shrimp
褐矢嘲鶇｜ Brown Thrasher
褐頭牛鸝｜ Brown -headed Cowbird
魯冰花｜ lupines
魯冰花｜ *Lupinus pilosus*

十六畫
橙頂灶鶯｜ ovenbird
螢火蟲｜ fireflies
螢科甲蟲｜ lampyrid beetles
貓嘲鶇｜ catbird
鞘翅目｜ Coleoptera
鴕鳥｜ ostriches

十七畫
戴菊｜ kinglets
環頸夜鷹｜ *Caprimulgus enarratus*
糞金龜｜ dung beetles
蟄伏｜ torpor
蟎｜ mites
隱士夜鶇｜ hermit thrush

十八畫
嚮蜜鴷｜ honey guides
獵豹｜ cheetah
繡線菊｜ *Spiraea*
繡線菊｜ meadowsweet
翻車魚｜ sunfish
藍地甲蟲｜ *C. intricatus*
覆葬甲屬｜ *Nicrophorus*
雙色樹燕｜ Tree Swallow
雙領鴴｜ Killdeer
雛菊｜ *Gorteria diffusa*

beNature 02

荒野之心：
生態學大師 Heinrich 最受歡迎的35堂田野必修課

A NATURALIST AT LARGE : The Best Essays of Bernd Heinrich

【繼承梭羅湖濱散記百年精神，體驗美好自然的禮物書】

作　　者：伯恩德・海恩利許 Bernd Heinrich
譯　　者：潘震澤

◎本書承蒙亞熱帶生態學學會理事長金恒鑣先生、林業試驗所林哲緯先生、特有生物研究保育中心林大利先生、自然科學博物館鄭明倫先生指正若干譯名，特此致謝。

野人文化股份有限公司 第二編輯部
主　　編：王梵
封面設計：廖韡
內頁排版：吳貞儒
校　　對：林昌榮

讀書共和國出版集團
社　　長：郭重興
發 行 人：曾大福

出　　版：野人文化股份有限公司
發　　行：遠足文化事業股份有限公司
地　　址：231 新北市新店區民權路 108-2 號 9 樓
電　　話：(02)2218-1417
傳　　真：(02)8667-1065
電子信箱：service@bookrep.com.tw
網　　址：www.bookrep.com.tw
郵撥帳號：19504465 遠足文化事業股份有限公司
客服專線：0800-221-029
法律顧問：華洋法律事務所 蘇文生律師
印　　製：成陽印刷股份有限公司
初版一刷：2022 年 11 月
初版三刷：2024 年 6 月
定　　價：460 元
ISBN：978-986-384-802-8　書號：3NGE0002
EISBN(PDF)：978-986-384-806-6
EISBN(EPUB)：978-986-384-805-9

歡迎團體訂購，另有優惠，請洽業務部 (02)2218-1417 分機 1124

國家圖書館出版品預行編目 (CIP) 資料

荒野之心：生態學大師 Heinrich 最受歡迎的 35 堂田野必修課 / 伯恩德 . 海恩利許 (Bernd Heinrich) 著 ; 潘震澤譯 . -- 初版 . -- 新北市 : 野人文化股份有限公司出版 : 遠足文化事業股份有限公司發行 , 2022.11
面 ;　公分 . -- (beNature ; 2)
譯自 : A naturalist at large : the best essays of Bernd Heinrich.
ISBN 978-986-384-802-8(平裝)

1.CST: 生態學 2.CST: 通俗作品

367　111016714

野人文化官網

讀者回函

野人文化第二編輯部